西藏建筑
现代诠释

陈可石　著

中国水利水电出版社
www.waterpub.com.cn
·北京·

内 容 提 要

本书阐述了作者作为学者和建筑师对西藏传统建筑学的研究和过去10年时间在西藏及其他藏文化区进行的规划与建筑设计实践的心得,全书深入解读了西藏传统建筑学,提出"西藏建筑现代诠释"的学术观点,结合30余项工程设计实践,从规划设计构思、理论、方法以及工程技术和材料运用等方面都进行了详细的论述,是一本集建筑设计理论、设计方法、西藏建筑文化和当代西藏建筑设计创作为一体的知识读物。

图书在版编目(CIP)数据

西藏建筑现代诠释 / 陈可石著. -- 北京 : 中国水
利水电出版社,2020.9
ISBN 978-7-5170-8771-7

Ⅰ. ①西… Ⅱ. ①陈… Ⅲ. ①藏族-民族建筑-建筑
艺术-研究-西藏 Ⅳ. ①TU-092.814

中国版本图书馆CIP数据核字(2020)第150016号

书 名	**西藏建筑现代诠释** XIZANG JIANZHU XIANDAI QUANSHI	
作 者	陈可石 著	
出 版 发 行	中国水利水电出版社	
	(北京市海淀区玉渊潭南路1号D座 100038)	
	网址:www.waterpub.com.cn	
	E-mail:sales@waterpub.com.cn	
	电话:(010)68367658(营销中心)	
经 售	北京科水图书销售中心(零售)	
	电话:(010)88383994、63202643、68545874	
	全国各地新华书店和相关出版物销售网点	
排 版	中国水利水电出版社装帧出版部	
印 刷	北京印匠彩色印刷有限公司	
规 格	210mm×250mm 16开本 21印张 300千字	
版 次	2020年9月第1版 2020年9月第1次印刷	
定 价	180.00元	

序

创造当代西藏的世界文化遗产

人世间很多事情完全出自一种机缘，比如过去 10 年间我在藏区完成了 30 多项城市设计和建筑设计，包括鲁朗小镇 250 余栋单体建筑的设计，再加上目前正在进行的布达拉宫周边 3 平方公里城市提升和青海湖周边五个藏式旅游小镇的设计。这也许是喜马拉雅雪山上众神的巧妙安排让我反反复复在藏区留下处处足迹。这本书详细介绍了我在西藏设计实践的成果。

从 2008 年设计汶川水磨镇灾后重建开始到鲁朗小镇，再到拉萨、林芝、中甸、阿坝、甘孜、西宁、甘南、青海湖的项目设计，西藏建筑艺术像一道金色的光芒点亮我创作的灵感，赋予我对西藏当代建筑艺术无限美好的遐想。设计师的人生就像是一次次不带地图的旅行，西藏建筑的迷人之处就是总能一次次打动人心。我和研究生及设计团队前后 40 多次进入西藏考察调研传统建筑，足迹遍及整个藏文化区，包括不丹和尼泊尔，收集 10 万余份图片资料，深入研究西藏传统宇宙观和建筑设计，西藏圣洁宁静给我留下一幅幅美好的记忆。有十多位我的学生以西藏城市设计与传统建筑学为题完成了博士和硕士论文。根据这些研究成果我提出了"西藏建筑四大艺术元素——光、色、空间和图腾"。每次亲历西藏传统建筑的那些精典，四大艺术元素的表达都使我感动至深。"四大艺术元素"也成为我在西藏建筑设计实践的理论基石。

昔我往矣，杨柳依依。这本书收录了我和北大学生们进行的部分理论研究和与中营都市设计团队共同完成的藏区城市设计与建筑设计成果。从书中内容可以看到我一直在探索"西藏建筑的现代诠释"：在西藏传统建筑艺术伟大成就的基础上努力创造属于当今西藏建筑艺术杰出作品。书中无法表述的是在那些从工程设计到建设过程之中我所以遇见的错综复杂，艰难困苦，行道迟迟，载渴载饥。比如鲁朗小镇设计与建设的 6 年时间，乘坐飞机 114 班次，住在藏民家，忍受高原反应，应对工程中不断出现的难题，每过一段时间就有做不下去的感觉，可问题是在西藏的工程总能遇上那些铁杆的甲方坚决相信我一定能做出好设计，还有那些高尚的朋友，他们友好之情和人性的光辉激励了我设计的才情。怀着感恩的心，作为建筑师，我总是小心翼翼，如履薄冰，一边设计，一边学习，不辞辛劳，日思夜想的工作。最近我又重读了《西藏简史》和英文版的《四部医典》，唯有对西藏高原的大爱能够创造出建筑空间的美学。愿高原雪山上的神灵继续指引我探索"新藏式"建筑艺术，创造当代西藏的世界文化遗产。期待未来能在西藏创作更多有原创性和艺术性的设计作品与大家分享。

2020年8月11日

目录

简述

藏族人在建设城市的时候实际上是在建设西藏传统宇宙观中的曼荼罗，在西藏，城市是人和神共同享有的一种空间。西藏传统建筑学最珍贵的地方在于建筑设计在很大程度上研究建筑空间如何对人精神方面、心理方面产生的影响，建造者把建筑理解成为对自己精神塑造和情感有影响的一个对象。强调精神空间、精神的目的以及在这个空间里所产生的精神上的体验。精神空间的塑造是西藏传统城市空间布局的一个核心概念。而"光、色、空间和图腾"四大西藏传统建筑艺术元素在精神空间的塑造中发挥了重要作用。

光——光在西藏传统建筑空间塑造中的作用主要集中在光的融合性、光的引导性和光的聚焦性。西藏建筑艺术首先是光的艺术。藏族在光的塑造上有非常高的才能。

色——在西藏传统建筑中常用的红、白、黑三色，其原料均来自西藏本地的红土、白土、黑土。连同在藏传佛教经堂外墙使用的黄色与象征尊贵与政教权利的金色，五种颜色构成了西藏建筑最主要的色彩。藏族在色彩搭配方面有十分天才的艺术感。

空间——宫殿和寺庙通常占据城市的重要地段。城市的整体空间形态依山就势，顺应自然，以建筑单体和院落为基本单元，自由选择朝向，有意避免网格化，追求城市公共空间的有机性和自然生成。

图腾——八吉祥徽、八瑞物、五妙欲、七政宝、六长寿、六道轮回是西藏的传统图案，通常具有幸福、吉祥等寓意。藏式传统建筑装饰运用了平衡、对比、韵律、和谐和统一等构图规律，在色彩搭配和图案配置上有独特的美感。

西藏传统建筑的现代诠释就是尊重西藏传统建筑对"精神空间"的追求,以现代建筑结构、材料和建筑语言,将西藏传统建筑艺术元素以现代时尚的方式予以表达,强调"光、色、空间和图腾"在建筑设计中的运用。

西藏传统建筑分为两类:一类是古典建筑,主要是宫殿、庙宇、庄园建筑,典型代表是大昭寺和布达拉宫;另一类是民间建筑,西藏民居非常朴实、简单,但具有非常高的美学价值。从地域上划分有五种藏式民间建筑,包括藏南的藏族建筑,甘孜的白藏居,陇西、青海一带的藏居和林芝、迪庆一带的藏居。宫廷建筑语言中有一种庄园式的建筑,典型代表是拉萨的老城区。这种介于民居和宫殿式建筑之间的建筑,形成了西藏传统建筑学的重要部分,这些建筑有着独特的体量,或巨大或倾斜的墙体,向上收分,彰显了西藏传统建筑学的主要词汇。

西藏古典建筑学的形成主要来源于两个方面,一是喜马拉雅山以南,包括印度、尼泊尔等地以石材为主的建筑学表达,表现在以石头为基础材料上雕刻的宗教图案和原理。另一个非常重要的来源是中国内陆,特别是唐宋以后经丝绸之路、敦煌引入的代表中原的建筑学特点,主要表现为以木结构为主的表达方式,包括巨大的柱式、浓烈的色彩和围合的空间形式。西藏的壁画很大程度上融合了敦煌壁画的传统和印度壁画的传统,形成了以唐卡为主的表达方式。木结构的表达和中原较为接近,更接近于唐朝时期的中国内地建筑学传统。

明清中原建筑特别是宫廷式建筑、宗教式建筑对西藏建筑的影响比较大,特别是屋顶,中原木构屋顶的运用在西藏的典型代表就是大昭寺和布达拉宫的金顶,大量采用重檐歇山的做法。

西藏传统建筑的经典

拉萨和日喀则作为西藏的两个最重要的文化中心，分别统领着前藏和后藏，集萃了大量的西藏建筑艺术精华。拉萨因为有了大昭寺和布达拉宫，毫无争议地成为世界闻名的圣城。从日喀则古城也可以看到藏族建筑学的奇特魅力，它们是一种天性的创造力，藏民族可能天生血液里面就有一种对空间、对色彩、对光的一种理解和塑造，给人带来极大的艺术震撼，日喀则旧城区的每一条小街小巷都十分美丽，富有艺术感。

大昭寺、布达拉宫是西藏传统建筑的经典，从大昭寺、布达拉宫可以看到藏传佛教建筑学的经典做法。在空间设计方面，大昭寺所展现的建筑学和宗教情怀是其他的寺庙建筑所不能达到的。哲蚌寺和扎什伦布寺都建在山坡上，它们的建筑空间感和大昭寺有所不同，更接近于自然，更有起伏和变化，在装饰和色彩方面有更多的做法。而围绕大昭寺的是八廓街，八廓街的历史加上周边的小街小巷构成了西藏传统城市空间的经典。特别是那些大的宅院和街道的关系，没有一个是重复对称的，没有一个院落是相同的，这就反映了西藏城市空间的独特性。

大昭寺和街道空间没有一个是正南正北的，每一个院落和另外一个院落都有一定的角度。这与它的经堂位置有关，每一家面对经堂都不是同一个方向，都有自己独特的选择。从空中纵看大昭寺周边的城市空间，非常具有艺术感，就像手背上皮肤的裂纹，或者一种大自然催生的图案，是超出人工的一种安排。

人神共享的城市设计

藏族人在建设城市的时候实际上是在建设西藏传统宇宙观中的曼荼罗，藏族人不仅仅认为城市是一个人类活动居住的场所，而是一种人和神共同享有的一种城市空间，犹如一个家庭里面有神龛，在厨房里面有神位，卧室有神龛，有经堂，城市亦然。大昭寺是整个城市的中央，城市的道路从大昭寺为中心开始放射出去，但它又不是几何放射性的集合，是一种很自然的放射，拉萨的地图，实际上是从大昭寺为中心网状放射。

布达拉宫非常巧妙地利用了一座山体，这个山体有点像雅典卫城，它是从一个平地突然升起的一座山丘。布达拉宫从很小的一部分开始建造，后来五世达赖大规模地扩建再加上七世到十三世达赖喇嘛营造，最后红宫、白宫建成到今天的规模，这前后经历了有五六百年的时间。大昭寺、布达拉宫成为一个政教的中心，包括达赖喇嘛的灵塔，布达拉宫成了拉萨最主要的一座建筑。

布达拉宫、大昭寺这样的宫殿、寺庙建筑，与西藏的民居建筑，在美学上会有不同的侧重。宫殿、寺庙建筑精美、庄重、神圣，令人体悟到藏族人民对理想天国的追求；民居则展现了传统藏族建筑表面下所隐藏的传统生活、习俗和社会关系。

西藏传统建筑学最珍贵的地方在于建筑设计在很大程度上研究建筑空间如何对人精神方面、心理方面产生的影响，建造者把建造物理解成为对自己精神塑造和情感有影响的一个对象。强调一种精神空间、精神的目的以及在这个空间里所产生的精神上的体验。

《女魔图》与西藏传统建筑"精神空间"塑造

传说文成公主让工匠绘制的拉萨平面图叫《女魔图》，大昭寺是她的心脏，布达拉宫、小昭寺和其他的寺庙都分布在女魔的五脏关键位置。在手脚和头部的关键位置都放置寺庙，根据《女魔图》的解释，是要镇制住女魔身体上的重要部位。从建筑学的角度来理解，这些重要的寺庙恰恰是西藏最重要的精神空间。《女魔图》表现出一个很重要的概念就是宗教建筑和它的公共建筑、执政建筑在城市空间当中起到重要的标志性作用，可以叫做"精神空间"。

据西藏民间传说，西藏地形与《女魔图》相似，西藏当初充满了魔，魔女横卧在西藏大地之下，头朝东，脚朝西。佛教认为罗刹女是女魔，只有用寺院、佛塔等压镇方能平安。于是吐蕃王朝统治时期（7—9世纪，西藏第一个政权），经唐文成公主占卜后，修建了12座寺院遍布于罗刹女的手脚、肩、肘、膝和臀部，并用白羊驮土，将她心脏处的卧塘湖填平，修建大昭寺和小昭寺，供奉从唐王朝和尼泊尔请来的释迦牟尼像。大昭寺位于罗刹女胸口。

《女魔图》所表达的拉萨，完整地展现出一个城市的总体形态和要求。一个城市的美应该是由它重要的建筑构成一种精神空间的系列，从《女魔图》的构图可以看出西藏的传统与"精神空间"至关重要。

从城市设计的角度看来，在整个城市布局、空间布局上，最能够反映西藏传统宇宙观的就是《女魔图》，它是那个时代的一幅城市设计总图。西藏的传统宇宙观，是指藏族怎么看待世界。因为现实的世界，不管是一座城市还是一栋单一的建筑，都是一种宇宙观的表象，一种人们根据自己对于世界的理解、对宇宙的理解，来创造自己的空间载体。

西藏《女魔图》最重要的意义在于，图中展现的对城市空间布局的设计也是西藏文化融合的结果。比如方正围合的建筑空间形态遵循印度曼荼罗的形制，而建筑的环境选址遵循了中原地区的背山靠水、负阴抱阳的风水思想。值得注意的是这种以寺庙、宗堡等重要建筑为中心、周围分布民居的组团空间布局也在那个时候被正式确定下来。

精神空间的塑造是西藏传统宇宙观和传统城市空间布局的一个核心概念。西藏传统建筑的现代诠释就是尊重西藏传统建筑对"精神空间"的追求，以现代建筑结构、材料和建筑语言，将西藏传统建筑艺术元素以现代时尚的方式予以表达，强调"光、色、空间和图腾"在建筑设计中的运用。

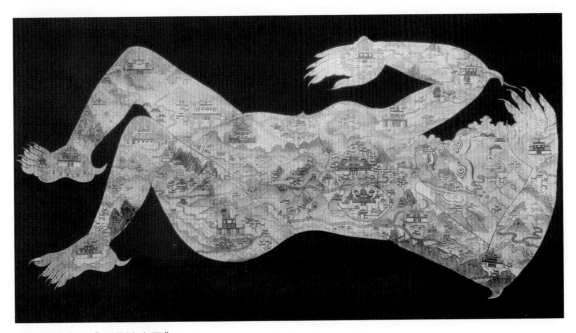

清初所绘唐卡《西藏镇魔图》

五种藏式传统民居风格

1. 日喀则、拉萨地区民居

日喀则和拉萨地区的藏族传统民居建筑风格代表了最古老的西藏民居建筑学。它的主要特征是以庭院式、合院的方式布局建筑空间，表现出藏族传统宇宙观当中坛城的意向。它的特点是，从整体布局上，每一户民居都有自己特定的朝向，并不追求正南正北。这种布局特点与苯教经堂位置有关，每家每户的经堂朝向都有独特的安排，在朝向的选择上与周边的自然环境和经堂的位置有直接的关系。另外，此类民居在立面处理上的自由度非常高，在墙面的门窗开设方面也有独到之处，因此造成每一户民居风格在统一中又有所变化，这是一个基本的建筑学理念。

日喀则民居高低错落有致，体量变化丰富，尤其是墙面门窗的自由开设造成了非常强烈的地方特色和艺术感，这是日喀则地区传统民居的建筑语言最明显的特征。

2. 甘孜州白玉民居

四川甘孜州白玉县康巴地区的藏族民居风格是在首层或第二层采用夯土结构的斜墙处理，顶层用原木搭建而成。白玉地区民居与日喀则地区民居最大的不同是第二层或第三层采用木结构，而相似之处在于都是平屋顶。

白玉的康巴建筑和拉萨、日喀则的传统民居有一种内在的联系，这种联系表现在建筑立面的处理上有相似的手法。白玉的藏族传统民居主要采用夯土墙体和带有标志性的红色原木结构的墙体，这是白玉民居的明显特征。另外白玉民居门窗的处理方式也与日喀则、拉萨地区的门窗处理方式相接近，这说明这两种民居有着内在的联系。

3. 甘孜州乡城地区白藏居

甘孜州乡城的白藏居在藏族建筑学方面有很大的成就。白藏居的基本形态接近于日喀则地区的院落式布局，但是在外观上更加突出白色倾斜墙面在建筑形态上的意义。白藏居的墙面主要采用白泥作为外部装饰，在每年的藏历新年当地民众会用白泥从白藏居的屋顶沿墙面浇灌下来。这种习俗造就了一种特别的建筑外立面质感，就像冰川流动的瀑布倾泻而下，产生了一种向下倾斜的纹路。这是一种工艺上的做法，白泥随倾斜墙面流下而产生的痕迹大大增加了墙面的艺术感。由于泥水从顶层流下来，所以白泥覆盖较多的是墙体的上半部分，这使上半部分墙面显得非常白而下半部分则略带有一些历史的痕迹和旧墙体的颜色。这种只有在水彩画或油画当中才会看到的退晕渐变使得白藏居非常具有艺术感。

白藏居是西藏民居当中的瑰宝，因为这类民居在形态上对周边的大自然景观形态有所呼应。这种对周边环境的形式、形态的敏感实际上就是一种天人感应，是自发地让居住环境和周边大自然形成形态上呼应，这是西藏传统民居当中最感动人的地方。

4. 甘孜丹巴民居

甘孜州丹巴和阿坝州的局部地区的藏式传统民居在建筑空间上同样也是一种四合院式的做法，或者更准确地说是采用三合院加围墙的做法，并保留了传统西藏民居所拥有的共同特征。由于这个地区石材丰富，所以建筑墙体是由石材堆砌而成，墙壁外立面由白泥做装饰。丹巴民居墙体的基本特征首先是倾斜，其次是厚重，最后是采用白泥作为装饰材料。白色的墙体是西藏建筑非常重要的特征之一，也是其精华所在。

丹巴民居大部分建在非常陡峭的山坡上，一种以陡坡险境和层层叠叠的山峦峻岭作为背景的聚落成为了丹巴民居的总体形态。在整体布局上对于周边环境形成一种呼应，而这种呼应存在于每一个独立的民居形成独立的单元。

丹巴民居在装饰上有更加多元的处理手法，把彩画作为建筑的重要组成部分进行表达。丹巴民居的外墙以白色为主而内院以彩画为主，这就形成了藏族民居共同的一个特征，这个特征和拉萨、日喀则及白玉等其他地方的藏族民居建筑处理手法有共同之处，也就是在木结构的部分大多用浓重的颜色表现出彩画的图案，这是世界上少见的最有美感的一种色彩处理和色彩搭配方式。从颜色的运用来看，像 LV 和爱马仕等国际时尚品牌的设计师或多或少地受到西藏民居色彩的启发。

5. 林芝和中甸地区民居

工布藏族和云南香格里拉藏族地区普遍看到的民居语言体系与前面所提及的四种民居体系，在形态上的最大差别就是工布藏族民居采用坡屋顶的形式。

可能是因为这两个地区的气候都相对温暖，雨季较多且盛产木材，所以这些地区的藏族民居主要采用了大木作屋顶，大木作屋顶在形态上就和其他四种民居非常不同。

首先是架空的屋顶，这在建筑处理上有非常重要的作用。民居的墙体非常厚重，而屋顶则有意地进行夸大处理，屋顶通常有很大的悬挑，有的地方甚至超过三米。这种悬挑让屋顶产生了一种飘逸的艺术效果。

屋顶的材料在这两个地区非常接近的做法是用木片作为瓦片来覆盖屋顶。这种木片在林芝被称为"闪片"。"闪片"是用很大的木材顺着木纹劈下而制成的，制作的形状与内地的小青瓦相似，但是它的尺寸要比小青瓦长。由于施工工艺和施工成本的局限，现在林芝地区很多民居的屋顶都用石头压在木片上避免被风吹走。其实这种做法并不规范，因为其减少了一个工艺就是把木片钉在木檐板之上。相比之下，香格里拉和不丹地区的做法就很规范，"闪片"都是十分整齐地被固定在木檐板上面。

林芝和中甸传统民居第二个重要特征是墙体结构无论是采用夯土或石料，墙体都有明显的倾斜。墙体倾斜是人类早期建筑的一个重要特点，倾斜不仅从力学上增加了稳定性，而且在视觉上也满足了审美需求。研究发现，西藏建筑的墙体倾斜度通常是十五到十七度。这样的一种倾斜让建筑有明显的稳定感觉并在视觉上和周边的环境如雪山、林海等相呼应。倾斜的墙体是整个藏区最重要的建筑特征之一，这给我们一个很大的启示就是在追随传统建筑语言原真性时，倾斜的墙体是要重点保留的一个语言基础。

林芝、不丹和香格里拉地区的传统民居第三个重要特征就是大木作和小木作。不丹当地民居的屋檐下面采用橘红色、暗红色和暗粉红色三种暖色调组合而成涂料的颜色，而且它们有着绝妙的搭配关系，在一个屋檐下面通常有两到三种颜色搭配，这对于大木作的结构美感表达有着重要意义。然而在林芝和中甸这种传统在藏区已经消失。在小木作方面，暗红色和粉绿这两种颜色是林芝地区小木作的主基调。

对于一个村落，其中的建筑拥有明确的等级制度是非常重要的，在美学、艺术成就方面的层次与等级也是非常需要的，所以中国很多传统的村落之所以美丽，都是因为有一种很明显的次序。重要的建筑比如官府、宗祠和寺院所采用的建筑语言，在色彩、建筑高度、屋顶形制以及所处的空间位置等各个方面都会有一种层级的安排。这一特点在西藏的传统建筑当中表现得更为突出，寺院建筑和官府建筑在藏区小镇当中形制最高，它们的色彩和建筑学与民居是不一样的。普通的建筑不能打破这种高低次序。这就是传统村落非常重要的设计理念，我们的规划与设计还是要回归到传统的风水理论和传统的礼制理论之中。

在众多的规划设计手段中，城市设计是考虑到整个小镇形态、景观的，而且一定要优先考虑小镇的景观和形态，这就是中国传统的规划思想——风水。如果我们不考虑"形态完整"和"景观优先"就开始做总体规划，就很有可能把以后创造的景观优先、形态完整的小镇的基础损坏了。就是说，原本可以创造的很多景观、形态的优势，就体现不出来了。

形态完整和景观优先为核心主导理念的鲁朗小镇整体城市设计格局，包括对整个公共空间系统、广场系统、滨水系统、绿地系统的考虑，实现了我们对西藏传统建筑空间的理解，对于西藏这种特别的文化特征的理解，对西藏自然地理和人文地理创造的西藏传统建筑学的理解。

光、色、空间和图腾 ——西藏传统建筑艺术四大重要元素

"光""色""空间"和"图腾"四大西藏传统建筑艺术元素在"精神空间"的塑造中发挥了重要作用。

1. 光

西藏传统建筑空间对光的运用是当地居民生产、生活的侧面反映，是几千年来在自然条件和人文活动的影响下的物质外化。光在西藏传统建筑空间塑造中的作用主要集中在以下几个方面：①光的领域性，划分不同的功能区，营造空间的领域感；②光的融合性，柔化不同空间的边界，使其过渡自然；③光的引导性，对建筑内动线的引导和规定；④光的聚焦性：对空间中重要元素的强调；⑤光的语言性，光的不同表现形式带给人不同的心理感受，如神圣、亲切、静谧、惊喜等。

光对建筑材质的艺术表现也有不可忽视的作用，西藏的光对当地传统建筑材料的影响更是显而易见。西藏建筑材料的色彩和肌理有很强的地域特点。首先是高纯度的色彩运用，其次是大面积的色块对比，最后是本土材料和本土工艺形成的独特肌理。在西藏，随处可见白、红、黄、黑四色的强烈大面积色块对比，西藏的建筑便是以这四种颜色为主，在对比中传递出强烈的地域特色。在藏族的观念中，白色象征纯洁、神圣、和平与美好，因此大部分西藏民居的建筑主体均为白色。在老城中，你会发现自己被白色所包围。但这满目的白色却不会让人觉得单调乏味。同样的白色却在阳光中早已幻化出不同的表情。随着光线的不同，白色有了不同的明度。在纯白的基调上点缀以黑色的窗户边沿、门窗、柱梁、墙壁上精雕细琢的彩绘装饰，在光线下是如此鲜艳而夺目。不同材料所形成的不

同肌理，更为色彩增添了趣味。大昭寺的鎏金顶在晴日里熠熠生辉，被摸得微微发黑的墙沿、褪色的红色木门、年久却依然坚固的楼梯在氤氲的光线中尤为生动清晰，透露着环境的历史感和沧桑感，工人在墙面上用手抹划出的弧形纹的活泼感、块石垒筑的厚重感、边玛草堆叠的细腻感、黄土夯筑质朴感，也只有借助光影，才能跃然眼前。

西藏强烈的日光让材料的色彩与肌理得到完全的体现。由于当地非常良好的大气透明度，建筑颜色保留了很高的饱和度，显得异常鲜亮；而远高于一般地区的日光强度让材料的表面肌理产生强烈的明暗对比，形成生动的纹理和天然图案。

西藏传统建筑特别重视偏光的运用。天窗是藏式建筑最具特色的采光方式。由于藏区日光强度比普通地方强很多，所以光自高处射向建筑空间能够产生超乎寻常的艺术效果。也正是由于西藏日光强度大，窗就不能开太大，于是就出现了一些特别的处理手法。大昭寺由于大堂的正中天窗高起，阳光从天窗射进大堂塑造一种阳光照射的光束在四维空间穿过柱廊的艺术效果，令人赞叹。

楼梯间处理则往往运用偏光折射的效果。

小窗的处理是西藏建筑光运用的特别之处，小窗的处理塑造了一个光源，正像是射灯的效果将阳光引入室内。通常，这种效果对今天的建筑师来说是难以想象的，因为我们理解的照明和西藏传统建筑学的光线运用是两个概念。

西藏传统建筑对于建筑朝向的理解和地区的正南、正北的理解完全不同，西藏建筑在朝向方面倾向于自由摆布所塑造的光影效果对建筑外形的塑造力。

2. 色

西藏自然景观壮丽的景象和明丽的色彩给人留下深刻的印象。藏民对色彩的认知和审美受这种自然地理的强烈影响，并与宗教信仰结合，形成以大色块、高纯度、高明度、强对比的色彩为主的西藏地区建筑色彩风格。

（1）白色、红色、黄色、黑色与金色构成西藏建筑最主要色彩

西藏建筑拥有自己独特的自然地理和与宗教文化相对应的色彩。在西藏建筑中常用的红、白、黑三色，其原料均来自西藏本地的红土、白土、黑土。连同在宗教建筑经堂外墙使用的黄色与象征尊贵与政教权利的金色，五种颜色构成了西藏建筑最主要的色彩。西藏传统建筑色彩中，红色为护法色，象征权利，是高等级建筑的尊贵用色，用于寺院护法殿等建筑外墙；白色是运用最普遍、象征吉祥的色彩，土黄色是一般民居夯土墙的材料原色。西藏传统建筑色彩层级关系十分明确，按级别高低依次为：金色、红色、白色、土黄色。

白色 白色象征纯洁、吉祥、善良，正直与忠诚，还象征幸运和喜庆，是藏式建筑中大量使用的色彩。在高原强烈的阳光下，白色建筑异常耀眼夺目，白色的形体与明朗的天空给人安宁、清净、美好的心理感受。

红色 西藏古代宗教在佛教以前以苯教为主，杀生祭祀仪式中的红色演变为建筑表面的涂饰色彩。在西藏早期佛教流派中，红色是宁玛派的代表，由传入西藏的密宗教派与本土苯教结合形成，该教派僧侣均戴红色僧帽，俗称红教。

在西藏民族文化中，红色象征英勇善战，在高原辽阔的环境中表现为藏民的豪迈性格，以及对宗教的纯真信仰。

红色在建筑涂饰中不轻易使用，一般用于异常重要的寺院、宫殿和等级较高的重要建筑，如灵塔殿、护法神殿，以突出在建筑群体间的中心地位，形成建筑的高潮，达到强烈的祭祀等宗教目的。其中，不同的红代表不同等级，土红、

大红、朱红、橘红在建筑上的使用明显地区分出等级。

黄色 黄色在藏传佛教中代表西藏教派中的格鲁派。格鲁派作为西藏的一个集大成的教派，最终完备了西藏政教合一的政治制度。此教派僧侣着黄色法衣法帽，因此也称为黄教。黄色是这一教派的代表色，在西藏文化中有很重要的地位。

黄色是高贵之色，用色严格，一般用于寺院、宫殿等重要建筑外墙，如修行室以及高僧的寝殿等，各地寺庙中最重要的殿堂也有涂黄色的习惯。

黑色 黑色在藏文化里象征护法神。这一色彩代表藏文化中对黑年神的崇拜，对应西藏宗教世界中的天、地上、地下三层次中的地下。黑色在建筑装饰中的象征意义概括来说代表"护卫"，有威严震慑之意，特别是在宗教建筑中，黑色的门窗涂饰，不仅是一种纯粹的审美表达方式，还具有强烈的象征寓意。黑色在藏族寺庙建筑涂饰中常见的部位为门、窗及窗围，由于黑色在藏民的理解中与辟邪、护法神、门神等相关，所以用这一颜色涂饰建筑的主要出入部位。

金色 西藏传统建筑艺术元素中最引人注目的是金色，布达拉宫和大昭寺的金顶、金像和金饰创造了金碧辉煌的艺术效果。金色有"珍贵""富足"和"第一"的意向，金箔也是西藏建筑中最高级别的建筑材料。

藏传佛教的五大元素"地、水、火、风、空"在色彩世界中对应着黄、绿、红、白、蓝五色。蓝色象征着天空，绿色象征着江河湖水。同时藏传佛教又赋予这五种颜色"五色主"之意，即五方佛或五种智慧。

（2）西藏建筑色彩的形式

色彩基本形式一：白色为外墙基本用色，红白两色为主，黑色用于门、窗套。如布达拉宫白宫。基本构图形式，在西藏多数地区使用，也称主流形式。白、黄、红为主色块，色彩效果明快艳丽，粗狂大气。在面配色因地区不同做法不同，但变化不大，基本构图为横向构图。

色彩基本形式二：黄色为主，红色檐部，黑色门、窗套。

色彩基本形式三：红色为主，如布达拉宫中心建筑，红色同时用于边玛墙装饰。

（3）西藏建筑的材料本色

建筑材料本身具有不同的颜色，再加以五种色彩涂饰，共同构成西藏传统建筑的色彩交响乐章。西藏传统建筑以木石结构为主，石材、木料和土为基本材料。其中阿嘎土、边玛草是西藏独有的建筑材料。墙体一般采用石材，尤其拉萨一带盛产石料，故多用在建筑上。建筑物的结构部分由较硬木料，如冷杉、核桃木作为结构骨架；软木料，如杨木用于室内装饰雕刻。

屋面材料——阿嘎土。阿嘎土是用于建筑屋顶、地面表层的封护材料，其主要成分是硅、铝、铁的氧化物，具有坚硬、光泽、美观的良好效果。阿嘎土虽有渗水的缺陷，但只要严格按照操作程序，分级配料施工，勤于维护、保养，保持排水畅通，仍不失为一种坚固耐久、适合平顶建筑使用的建筑材料。

地面材料——青石板。青石板地面，青石板无规格规定，有大有小，铺设时根据大小拼凑，先用砂土，再用黄泥嵌填缝隙。一般用于院内及步行道，也有作为建筑物四周散水，便于排水、防水，有些房屋室内也采用青石板铺地。

地面材料——方整石。毛石经过加工形成方整石后，平整而有规律地铺设，称为方整石地面。一般铺设在重点建筑入口处，踏步台阶，门厅及建筑物周边散水和人行道上。铺设在窄步道路上的长方形石板地面通常称为长条石走道地面。

墙体材料——边玛草。边玛草是一种柽柳枝，秋来晒干、去梢、削皮，再用牛皮扎成小捆，整齐堆在檐下，层层夯实，用木钉固定，再染颜色。在西藏，无论是宫殿上的女儿墙，还是寺院殿堂檐下，形如毛绒织物的赭红色墙体都是边玛草墙。

采用边玛草，可以减轻墙体重量，对高大建筑物至关重要，边玛草墙由于制作工序复杂、成本高，也成为建筑等级的标志之一。

墙体材料——块石与毛石。藏式传统建筑中外部墙体一般为石材墙，外形方整，风格古朴粗犷。墙体向上收分，具有墙体稳固作用。传统的石墙砌筑工序为：运用一层方石叠压一层碎薄石的工艺，以解决坚固稳定的要求同时起到外墙装饰作用。

墙体材料——土坯。土坯墙多用于藏式传统建筑的 1～3 层，也用于院内围墙，材料一般为黄土加少量稻草和牛毛（防断裂）。在砌好的土坯墙面上用黄泥抹后留下五个手指头划开的彩虹形纹路，这种纹路除具美观效果外，还起到防雨水冲刷墙面的作用。

3. 空间

在传说中，拉萨被誉为"神的住所"。古代藏族壁画中表现的城市风貌，寺庙、宫殿与民居是与藏地山川河流景观紧密结合的，白、红、黄为主要基调的建筑群与自然环境形成城市的主要色彩。宫殿和寺庙通常占据城市的高地，俯瞰整个城市。转经的人群围绕寺庙建筑顺时针朝拜，形成最初的转经轨迹。

（1）西藏城市的结构肌理

拉萨城市空间布局成明确的精神空间，其包括大昭寺、布达拉宫、罗布林卡、色拉寺、哲蚌寺五个主要的点状精神空间，以及环绕点状精神空间形成的以转经为主要功能的线性精神空间。

城市空间 拉萨城市由布达拉宫和大昭寺片区两个中心主导，沿着河流东西向发展；江孜老城南部宗山上具有寺院性质的宫殿建筑宗山古堡和北部山上的白居寺，和联结两个点的线性转经道，成为江孜老城的基本结构。老城沿转经道向两侧扩展。

建筑空间 寺院的单体建筑的空间创造以坛城（又名曼荼罗）为原型进行模拟或抽象，其空间原型可拆分为静态的中心和动态的环绕流线；早期佛教认为宇宙中心为须弥山，围绕须弥山世界分为四大洲和八小洲，且有上中下三界之说。寺院建筑平面形式虽然具有很强的随意性和不规则性，但在变化之中仍然充分地表达着早期佛教的宇宙观和曼陀罗、坛城等佛教对世界认识的演变形式。在表现早期佛家宇宙观时，不同寺院有着不同的平面表现方法，桑耶寺是把宇宙的中心以及四大洲和八小洲做了分开的平面布置，而阿里的托赫寺、日喀则的白居寺等则是在一座建筑内作了集中的平面布置。

位于八廓地区中心位置的大昭寺是西藏最神圣的寺院。藏族人把整个大昭寺建筑群，它的庭院、僧侣房、办公室、厨房叫做大圣殿。主建筑高四层，采用传统的合院方式。布达拉宫可以看作传统藏式建筑形制与自然山体景观要素的结合和扩展，布达拉宫建筑群是由矗立于山顶的主建筑体、山下的雪村和雪村周边的围墙所构成的。

正方形院落是西藏较为典型的建筑布局方式，从外墙上看，建筑主要呈方形。由柱子撑起一个回字形的框架，在此平面基础上，主楼前形成一个庭院，围绕庭院内缘，是一圈柱廊。

独栋官式建筑——雪列空为政府办公室，就在布达拉宫正下方，因为它强调两个方向，而且有两个入口，所以与众不同。东部入口从二层进入办公区，南部入口直通一间高大的殿堂，阳光从上面进入室内照在地面上。雪列空是一座用传统西藏建筑语汇建成的实例，它是一座非常和谐统一又迷人的独栋建筑。

拉萨老城区可以看做是众多"回"字形或"回"字形变体的宗教、住宅和官式建筑组成，建筑层数在1～3层，形成风貌统一的藏式建筑群。

城市肌理 拉萨主城区四个区域有明显不同的模式：平原中心集聚型城市；山顶宫殿或堡垒下面带有防御性的村庄；建在小山上的岩洞和小建筑；独立的府邸。

街巷空间 藏族传统建筑的房屋街巷大多是窄巷，尺度亲切，高低错落随地形而变化，色彩简洁，只有门斗窗户较多装饰，门洞尺寸低矮，以利保温。

（2）西藏城市的空间要素

点状要素 拉萨城内的空间节点由药王山、布达拉宫和大昭寺三个重要空间节点组成。大昭寺周边八廓街路是西藏最重要的转经路线和老城区主要集市。每天有数以百计的朝圣者聚集在这里，并且在傍晚时分人群的规模会变得很庞大。这条环形的转经道上有多处旗杆、石碑、有宗教意味的树木、焚香炉以及具有历史意义的古建筑等视觉标志物，在路径上形成若干视觉集聚点，从而引导人的行为。重要的景观元素把布达拉宫与群山和转经路联结。拉萨城市中的焚香炉是功能性的视觉标志物，通常布局在转经线路上，与精神生活和世俗生活紧密相连。

线状要素 转经道和街巷构成独特的城市线状要素。藏传佛教"顶礼膜拜"和"朝圣转经"的思想对旧西藏建筑空间形式也产生了直接而深刻地影响。在寺院的殿堂建筑内有很多"回"字形的平面布局，作为求佛转经的通道，象征六道轮回。

面状要素 作为精神性公共活动区，布达拉宫是以印度南部神圣的布达拉山命名，是世界上最伟大的建筑杰作之一。它代表西藏的物质文明发展所达到的顶峰。许多优秀的建筑和精妙绝伦的内部空间，展示了熟练工匠丰富的建筑和装饰传统。它是藏民和众多朝圣者共有的精神家园。

布达拉宫作为建筑艺术综合体的独特气质从它那华丽又具防护性的尺度上就可窥见一斑，表现出其维系这个丰富华丽住所的整体防御性的构造。这一住所可以被认为是这片土地上最高等级的现世和精神力量。在这里没有什么力量能对这个防御性宫殿构成侵略和威胁，而这整个建筑还可以如是描述：它完全远离了世俗生活，却又同时对这片自然景观和其上的居民实施着完全的掌控。参观者沿着似有似无的固定路线穿过这座群落。从围墙的大门走过雪村，人们被带入与高耸的建筑群落之间的直接联系中，这些建筑群在一定距离上显得格外宏伟和令人敬畏。

八廓街转经道汇集了众多藏民和朝圣者，空间上互相渗透，成为拉萨最重要的精神性公共活动区。雪顿节哲蚌寺晒佛则因特定节庆活动而形成临时性的精神公共空间。八廓街清真寺附近市场等则形成世俗性公共活动区。

4. 图腾

（1）西藏的传统图案

"八吉祥徽"是西藏地区最受欢迎的图案。它常以宝伞、金鱼、宝瓶、妙莲、右旋法螺、吉祥结、胜利幢和金轮等八个相对独立的图案组合的形式出现，分别表示佛的头、眼、喉、舌、牙、心、身和足。每个图案也均含有自己的寓意，可单独作为装饰物出现。藏传佛教寺院和藏族群众多以此八种图案作为装饰，象征吉祥如意。它常在祭祀、供奉仪式用品、微型祭祀、供奉图案和唐卡（卷轴画）中出现，也被装饰在墙上、梁上、宝座侧面以及其他各种宗教及日用品上，也用白色或彩色画在精神领域或世俗中显要人物经过的道路上。

"八瑞物"是指代表了敬献给佛陀的一组具象供品，象征着佛陀的八正道（正见、正思、正语、正业、正命、正精进、正念、正定），后来在金刚乘佛教中被神化为八大供养天女。它们包括：宝镜、黄丹、酸奶、长寿茅草、木瓜、右旋海螺、朱砂、白芥子。八瑞物经常用在雕塑或图画之中，出现在画卷、墙壁、屋梁之上，或是作为食子的酥油饰物。

"五妙欲"图案在藏族人民生活中常见，主要绘制在柱、梁、藏柜等上面，也有雕刻在木制、金属制作品上，如酥油供灯等。主要含义指：眼识取镜，表示体形美丽的镜子；耳根器官听到发出美妙音乐的乐器；舌器官以舌尝味道鲜美而富有营养的食物供品；触觉器官所感受的柔滑触或粗涩触表示绸罗；鼻器官以鼻腔感受的香觉表示香炉生烟。

"七政宝"指金轮宝、象宝、马宝、君宝、将军宝、摩尼宝、后宝，象征远离妄念、智慧法轮常转、速奔彼岸等佛教寓意。此外，还有六长寿、六道轮回等传统图案。

（2）西藏的建筑装饰

藏式传统建筑装饰运用了平衡、对比、韵律、和谐和统一等构图规律和审美思想。在藏式传统建筑装饰中使用的主要艺术形式和手法有铜雕、泥塑、石刻、木雕和绘画等。藏式传统建筑装饰主要反映在宫殿、庄园、民居、寺院等建筑的门窗、梁、托、柱、屋顶、墙体等部位。

门窗装饰 门的装饰包括门楣、门框、门扇、门套等。门框木构件雕刻图案。门洞两侧做黑色门套装饰。门楣大多用木雕、彩绘等手段加以装饰。门扇主要装饰为门扣、门簪等。门洞两侧做黑色门套装饰。窗门装饰手段为木雕手绘，主要图案有人物、花纹、几何图案等。窗的装饰包括窗楣、窗帘、窗框、窗扇、窗套等。窗楣上主要装饰为两层短椽。窗过梁蓝色为主，绘以图案。窗楣挂短绉窗楣帘装饰。窗框主要装饰堆经和莲花花瓣。窗帘为吉祥图案的帆布，窗扇装饰手段为木雕手绘。

屋顶装饰 藏式屋顶有宝瓶、经幢、经幡、香炉等，寺院、宫殿等少数重要建筑设置金顶。屋顶的装饰按建筑的重要性分为不同的级别。

墙体装饰 藏族传统建筑中墙体装饰主要有彩绘、壁画、铜雕、石刻等。

西藏传统建筑在雀替、梁柱装饰，以及壁画和纹样等方面也均有其浓郁的藏民族特点。

在藏文化区完成的
35个设计项目

1 鲁朗小镇

2 恒大国际酒店

3 鲁朗美术馆

4 鲁朗演艺中心

5 鲁朗珠江国际酒店

6 鲁朗养生古堡

7 鲁朗镇商业街

8 鲁朗镇政府

9 鲁朗游客接待中心和规划展览馆

10 鲁朗东久林场商住楼与西区花街

11 鲁朗小学

12 保利酒店

13 林芝巴宜区城市设计

14 甘南旅博会主场馆

15 西藏林芝书画院

16 西藏拉萨大剧院

17 西藏拉萨工业博物馆

18 西藏天路高天企业孵化项目

19 云南香格里拉独克宗国际旅游小镇

20 西宁宗喀巴大师研究院

21 甘南州拉卜楞庄园酒店

22 甘南州夏河县拉卜楞黄金文化小镇

23 汶川水磨镇

24 甘孜州白玉河坡民族手工艺文化街

25 甘孜州白玉普马藏族文化旅游小镇

26 甘孜州白玉阿察生态帐篷城

27 四川藏区民居图谱

28 甘孜州乡城香巴拉旅游小镇

29 甘孜州康定情歌城

30 甘孜州康定古城

31 甘孜州樱花国际温泉谷

32 贡嘎山冰雪世界

33 甘孜州一生一世露天温泉谷

34 四川·甘孜县城康北中心

35 西藏·林芝市总体城市设计

2013年5月14日，洛桑江村颁发的西藏自治区政府顾问聘书

刘顺江 摄于林芝德姆拉山

鲁朗——藏文的意思是 "龙王谷"

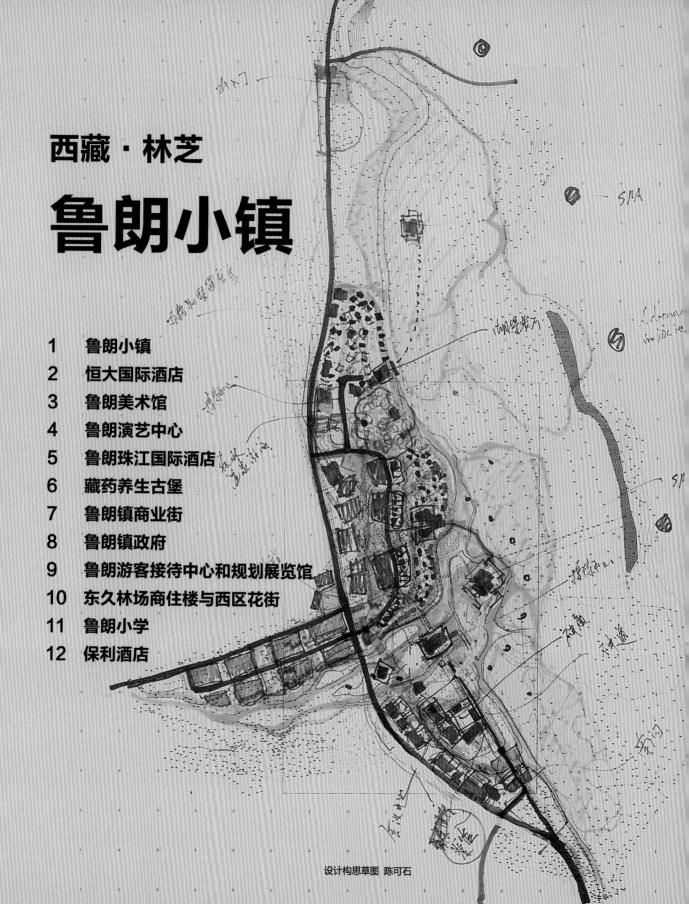

西藏·林芝
鲁朗小镇

设计构思草图　陈可石

鲁朗是一个世外桃源般的宁静家园，一个诗与远方交织的人间圣洁天堂，一个集冰川、高山、草甸、森林、湖泊等于一身的绝佳旅游目的地。鲁朗在藏语里的意思是"龙王谷"，这里是一片河谷，有大片的原始森林、草地，还有雪山环绕

2016 年 10 月，经过六年紧张设计建设，作为广东省援藏重点工程、西藏自治区成立 50 周年重点项目的鲁朗小镇顺利竣工。这个圣洁宁静的小镇，已然在西藏美丽绽放。

来……李春城……

……旅行署……在深圳主洲宫……

提议由……国际旅游小镇的……

深圳与北京大学……教授……

到北京拜……陈可石教授……

朱小丹先生到……对鲁朗的建设……

常务副省长……看很多考……

正月初……广东省……

前设计的……我们的合作……

成为小镇的……

沙州新城水墨馆……

……他们对此以……

深圳设计……小镇的……

交流鲁朗……

才建华与……

蔡家华副书记……

李……荣……副书记……

是……

宁……策划……

我们对小镇的规划……

游小镇的模型……

到……参加……

首期国际旅游……

鲁朗国际旅游

小镇设计感悟（一）

二〇一三年春天

诗意的大地景观

保护原有自然山体，恢复湿地风貌，打造人工湖泊，并将水系引入小镇内，形成连续的滨水空间。引入若干小型广场作为公共交流空间，塑造宜人的景观，形成自然的、生态的风貌。鲁朗小镇将建设成为由天然牧场、蓝天白云、碧水青山以及藏式传统建筑风貌有机结合的典范，为游人提供一处自然生态的休闲度假空间，让游客充分享受旅游过程中人与自然的相互融合，观赏自然美景，呼吸纯净的空气，带来思想上圣洁、宁静的愉悦体验。

陈可石 绘

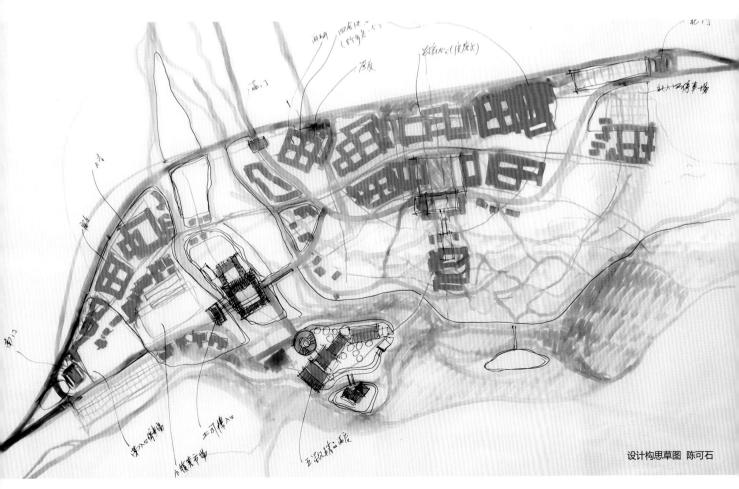

设计构思草图 陈可石

总体城市设计

中国最美户外小镇

很多人惊喜地发现,到西藏旅游,除了布达拉宫、大昭寺,还有一个值得一去的地方,就是鲁朗小镇。鲁朗小镇的规划和设计创造了当代建筑艺术和建筑之美,为西藏留下一份永久的文化遗产。

鲁朗小镇是影响西藏未来的一次小镇设计实践。小镇的建筑设计在传承西藏传统建筑艺术的基础上创造出现代西藏建筑新风格,对未来西藏城镇化建设有非常重要的示范作用。

如今,鲁朗小镇已赢得国内外广泛称赞,被誉为西藏第一旅游小镇。2017 年鲁朗小镇入围世界建筑节奖,正式亮相国际舞台。2018 年 10 月,中国国家地理杂志社授予鲁朗小镇"中国最美户外小镇"称号。

陈可石 绘

鲁朗小镇位于西藏林芝市的东北方向，距离林芝机场约 70 公里，距离林芝市政府所在地巴宜镇约 90 公里。总规划用地范围 10 平方公里，占地 1978 亩，总建筑面积 21 万平方米，共有 250 多个单体建筑，包括 3 个五星级酒店、美术馆、摄影展览馆、藏戏表演中心、藏式养生古堡、游客接待中心、镇政府办公楼、医院、幼儿园、小学、商业街、农机站、消防站、商业街和多个精品酒店等，总投资超过 50 亿元人民币。

具有鲜明藏族文化特征的旅游小镇

2010 年，广东省第六批援藏工作队提出在鲁朗建设一个国际旅游小镇的设想。这是广东援藏工作的一个新的思路——授人以渔，希望通过开发建设旅游小镇来推动西藏旅游产业的发展。这是一种以促进产业发展为导向的新援藏模式，广东省政府对此极为重视。随后，这座国际旅游小镇的建设地最终落在了位于 318 国道旁的鲁朗河谷。318 国道从鲁朗到波密的路段，景色优美，曾被中国国家地理杂志评为"中国十大最美旅游国道"第一名。

"圣洁宁静"是鲁朗小镇的美学境界。我认为"圣洁宁静"应该是鲁朗小镇的灵魂，"圣洁宁静"这四个字成为鲁朗小镇设计的终极目标。设计团队尊重文化的传统，注重自然生态的敏感性，以总设计师负责制的方式具体负责落实设计方案，使鲁朗承担起具有高原休闲特色的国际著名旅游地、藏东南旅游集散地、鲁朗镇域公共服务中心的城镇职能。通过旅游开发促进经济发展、社会进步和文化传承，使鲁朗发展成为"世界一流的旅游度假天堂，藏式小城镇建设的创新典范"。

在设计鲁朗小镇之前，我已经在全国完成了十多个旅游小镇的设计。基于过往小镇设计的经验，我认为要圆满完成鲁朗小镇的设计任务，一些小镇基本的要求在方案设计中必须优先得到满足，它们称为"规定动作"。所谓的"规定动作"，就像自由体操的评分一样，把规定的动作作为一个评分的基础，然后把"自选动作"作为加分的项目。鲁朗小镇的设计要首先完成"规定动作"，然后才是设计团队所探讨的地域性、原创性和艺术性的发挥。

在"规定动作"这个设计上，设计团队完成了很多前期研究工作并对小镇未来发展提出了几点建议，其中包括建议在鲁朗小镇建设三座五星级酒店以支撑其作为川藏线上重要的旅游集散地的功能定位，因为只有在川藏线上建设旅游小镇才能够支撑高端的旅游团队运作和促进整个藏区的旅游产品品牌的提档升级。

2012年7月，广东省朱小丹省长、徐少华常务副省长和北京大学海闻副校长、吴云东院士代表北京大学深圳研究生院与广东省人民政府签署鲁朗小镇设计和总设计师负责制合约

2012年4月陈可石教授和研究生、设计师一起考察鲁朗小镇选址，蔡家华书记提出的鲁朗镇政府和商业步行街选址，被朱小丹省长称赞为金点子

在小镇的旅游功能设计方面基本上需要涵盖两大板块：一个板块是现代服务业，包括商业设施如精品酒店、商业街、酒吧街及星级酒店等这些新的内容；另一板块有游客接待中心、博物馆、美术馆以及设计团队所建议的藏戏表演中心等这些公共建筑。三座五星级酒店的布局得到广东省政府的肯定并落实了酒店具体的投资方，这为鲁朗小镇支撑起了半壁江山，保证了鲁朗小镇的经济模型和未来的可持续发展。

在"规定动作"和小镇旅游功能确立后，我们从"传统建筑现代诠释"和"城市人文主义"设计理论出发，进一步明确建筑风格应该是"西藏的""现代的""生态的"和"时尚的"。整体设计上以景观优先的设计理念表达对西藏传统建筑学的尊重，注重采用地方材料和传统工艺。规划设计中注重从城市人文主义角度体现当地文化脉络、风土人情，支持当地公共事业发展，优先帮助原住居民自主创业，为原住居民提供工作机会，使小镇获得可持续发展的内生动力。

藏族文化特色　继承藏族建筑设计的精华，遵循藏式小镇的独特肌理，以鲁朗河为魂，以藏式建筑为主要语言，将鲁朗小镇打造成为融合藏族建筑特色与现代城镇功能的典型代表。从城镇布局、建筑环境等各个方面体现藏族文化内涵。

自然和生态　保护原有自然山体，恢复湿地风貌，打造人工湖泊，并将水系引入小镇内，形成连续的滨水空间。引入若干小型广场作为公共交流空间，以当地最有特色的植物——桃花与杜鹃，作为主要观景植物，塑造宜人的景观，形成自然的、生态的风貌。鲁朗小镇将建设成为由天然牧场、蓝天白云、碧水青山以及藏式传统建筑风貌有机结合的典范，为游人提供一处自然生态的休闲度假空间，让游客充分享受旅游过程中人与自然的相互融合，观光自然美景，呼吸纯净的空气，带来思想上纯洁与安宁的愉悦体验。

诗意小镇　规划设计将鲁朗小镇和周边景观充分结合在一起，突显鲁朗小镇得天独厚的自然优势，以大地景观为背景，展现西藏广袤辽阔的豪情与雄伟壮观的美景。在建筑设计与景观设计中加强藏式文化元素符号的运用，形成神圣的氛围，使游客精神得到洗礼和净化。

设计构思草图　陈可石

现代的和时尚的 从新技术、新材料和新方法的应用上，提升鲁朗小镇的城镇化水平，优化城镇功能，为游客提供一个高品质的休闲旅游环境，为原住民提供一个宜居的生活家园。整体上以藏族文化为主线，以大地景观为背景，开发多样化的旅游景点，配备酒店、会务、度假等功能，提供商务度假、特色餐饮、藏式康体疗养为一体的服务，为人们提供高品质的度假设施与环境，丰富人们休闲度假的内容。

现代"精神空间"与鲁朗"景观空间"紧密契合

我们对小镇如何体现出西藏传统城市空间布局的特征，做了深入的思考和研究。一幅相传是文成公主让工匠绘制的拉萨城市布局图——《魔女图》，解释了传统的西藏城市布局的宇宙观。正是从这张图受到启发，我确定了鲁朗小镇重要建筑的位置和重要的广场位置，也决定了重要的文化设施、景观建筑的位置，并由此营造出一个现代的公共"精神空间"。

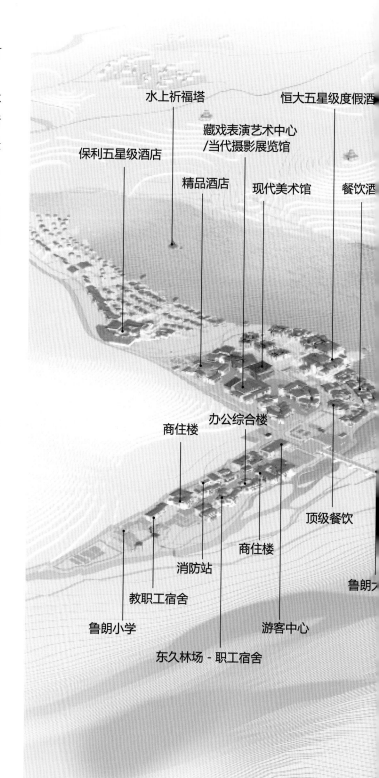

水上祈福塔

恒大五星级度假酒

保利五星级酒店

藏戏表演艺术中心
/当代摄影展览馆

精品酒店

现代美术馆

餐饮酒

商住楼

办公综合楼

顶级餐饮

消防站

商住楼

教职工宿舍

鲁朗大

鲁朗小学

游客中心

东久林场 - 职工宿舍

鲁朗国际旅游小镇
重点项目示意图
LULANG INTERNATIONAL TOURIST TOWN

广东省援藏重点工程
竣工日期：2016 年 10 月
用地范围：10 平方公里，占地 1978 亩
总建筑面积：21 万平方米
首席顾问：北京大学中国城市设计研究中心
工程总设计师：陈可石
城市设计与建筑设计：深圳市中营都市设计研究院

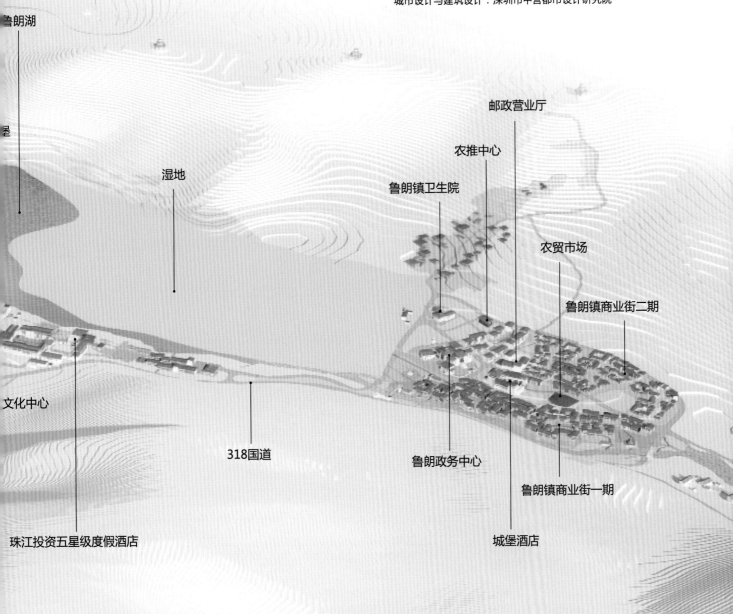

鲁朗湖

湿地

邮政营业厅

农推中心

鲁朗镇卫生院

农贸市场

鲁朗镇商业街二期

文化中心

318国道

鲁朗政务中心

鲁朗镇商业街一期

珠江投资五星级度假酒店

城堡酒店

现代"精神空间"意象的营造是对西藏传统建筑学的继承并在新的时代予以创新性诠释。在方案实施中，注重对非物质性历史文脉的保护和传承提供物质基础支持，在人工湖中央建设宁静肃穆的祈福塔，打造新的精神中心。同时，兴建西藏林芝文化艺术馆，用以收藏和展示西藏文化艺术作品和民风民俗。

与"精神空间"相呼应，在大鲁朗"景观空间"营造上，充分利用鲁朗的地景与人文特色，结合水系、山景、村落，让各功能片区与鲁朗的天然场域形成"你中有我、我中有你"的自然相亲、和谐相融的极致艺术审美。到了夜晚，小镇灯光设计则突显神秘、空灵、幽静氛围。小镇是国内首个完整采用泛光照明系统，以科技手段保护鲁朗静谧的环境不被打扰，秉持的生态度假理念让自然变得更加精致，让文化更具有空间的广度，生长出鲁朗自成一系的美学力量，根植、延展，获得向内向外自由绽放的极致魅力。

鲁朗国际旅游小镇未建设前卫星图

西藏自治区重点项目
——鲁朗小镇总设计师

总设计师负责制是欧美国家重要工程和建筑项目通常采用的一种制度。总设计师可以是个人也可以是一个团队。由总设计师负责整体项目，从策划、方案设计、方案深化和各专业工种配合中的协调与控制，直到工程完成。总设计师应从项目的开始策划、概念规划、总体城市设计、重点片区设计，再到建筑设计、景观设计以及室内设计、泛光设计、标识设计等全程参与。

总设计师负责制是一种保障项目最后成功的方法，在设计与工程施工过程中，当利益各方意见出现分歧的情况下可以通过总设计师协调妥善解决，总设计师负责制的核心价值是总设计师全程参与工程设计到施工过程，以此保障项目按照原设计理念贯彻实施。总设计师将对工程最后的设计质量和艺术效果全权负责。

2012年4月28日，广东省省长朱小丹为陈可石教授颁发鲁朗国际旅游小镇总设计师聘书

鲁朗小镇为广东省援建西藏重点项目，由广东省政府委托我担任本项目的总设计师，项目集结了广东旅控集团、广东珠江投资集团、恒大地产、保利地产以及广药集团等企业，分别投建了三家五星级酒店以及表演艺术中心、游客服务中心、美术展览馆、摄影艺术馆等大型建筑，同时由政府出资投建了学校、医院、政府办公楼、商业街等多种功能的建筑单体。

由中营都市完成项目的规划、建筑方案、景观方案工作，并指导或直接参与其他各专业设计工作，同时配合广东省政府派驻现场指挥办公室工作人员控制各项设计工作，如规划设计、建筑及园林景观施工图、室内装修、标识系统、泛光照明、市政道路、桥梁、管网、污水处理、生态修复、钢构、水利、室内展览、传统木构、彩绘等各专业设计和施工单位的成果，全程监督实施效果。

在总设计师和顾问团队的统一协调和把控下，来自全国的二十多家设计单位先后参与了鲁朗小镇各项目的各阶段设计及施工图工作，同时，由总设计师和顾问团队对各专业设计单位及施工单位提供的阶段性文件进行审核签字，确保各阶段的工作满足方案初始意图，保证建设艺术效果。

2015年10月，陈可石教授陪同朱小丹省长视察鲁朗小镇建设

陈可石教授在工地与施工单位现场交流

门窗彩绘施工现场

陈可石教授与设计人员在鲁朗国际旅游小镇工地

2016年9月，陈可石教授陪同深圳城市规划协会成员考察鲁朗小镇

项目讨论进行过程中，设计团队与广东省领导和广东省援藏队多次就方案讨论交流

建筑设计

景观优先与
形态完整

景观优先

很多小镇的空间之所以会产生很多美丽动人
画面，跟景观优先的理念是密不可分的，所
以"景观优先"就成了鲁朗小镇设计的第一
个议题。设计团队首先提出的是 318 国道的
改线，因为 318 国道如果不改线就很难创造
出很好的景观和预期的土地利用结果。我建
议采用半下沉式的做法，在 318 国道的两
侧堆起一定高度的绿化带，让斜坡来避开对
于小镇景观的影响，同时也在 318 国道上创
造出一个比较生态的景观并起到隔离噪声的
作用。

另外一个很重要的议题就是湖面的营造，这也是从景观优先的角度所作出的考虑。在方案初期，我提出湖的营造对于旅游小镇有很大的作用。从景观的角度上来考虑，湖面能够倒映、产生出一种美丽的景象。

景观优先还包括对建筑朝向和对门窗所对应的景色的考虑，这需要很细致的设计构思。设计酒店的每个窗户看到不同的景观是非常考验设计师功底的，因为在城市设计阶段设计师很难深入到这个层面。在鲁朗小镇的城市设计阶段就同时考虑到建筑设计的方方面面，比如建筑的形体、建筑的入口和建筑门窗所对应的景色。今天看到的实景照片中建筑如此精致、风景如此优美，就与设计团队以景观优先对城市设计反复推敲、反复修改和深入思考有着直接的关系。

景观优先的效果是非常明显的，我认为设计师就应该从城市设计的角度把景观优先作为最重要的设计理念。对于环境的利用、景观的营造，像画家用画布和原料画出美丽风景画的创造过程。为了把景观做好，我在设计阶段反反复复去了十多次鲁朗工地，每次从不同的角度进行思考。大的景观策略上最重要的考虑，就是什么地方是可以建设的，什么地方是绝对不能建设的，什么地方是要作为景观保护下来，什么地方要建设与自然景观相对应的区域，这些区域和大自然要产生怎样的互动，如何共同创造出一种人和自然景观的对话。

形态完整

城市设计为先导还有一个很重要的目标就是"形态完整"。这可以说是一个决定小镇成败的因素。我认为，做小镇城市设计的初期，就需要对总体形态有一个大的策略，包括形态应该如何布局，要产生一种什么样的形态特征，取得什么样形态的效果。这就涉及要做出一种什么样的"形"出来，然后在这种"形"的基础上再思考其他的内容。"形"包括整体的一种空间形态，比如什么地方要有什么样的建筑的形态，什么地方要留出给树木花草，什么地方要形成公共空间，什么地方要形成水系或者保护原来的水系等。

形态完整的方方面面都需要一开始通过城市设计进行考虑，这就需要到现场设计。我们非常重视现场设计，并用手工模型帮助研究空间形态的变化。鲁朗小镇设计一开始，我就确立了小镇在形态方面的特征是"西藏的"，然后是"现代的"，最后是"生态的""时尚的"。这四个概念就是对形态的一种描述，是我希望看到的鲁朗小镇建成以后所展现的画面。"以城市设计为先导"就是要先把小镇的整体形态概括提炼出来。形态的布局促使设计团队根据西藏的传统建筑语言体系，包括屋顶、墙体和门窗这些建筑形态的基本要素，对于建筑形式和风格进行更深入的思考。

地域性
原创性
艺术性

借助当地自然元素，用自然复原自然，再造生态美景。充分考虑当地的自然气候条件，在设计房屋时尽量本土化，采用鲁朗当地的石材和木材，将工布藏族传统建筑用现代方式表达。

鲁朗小镇设计上为尊重当地传统，建筑外墙的做法至关重要，中区恒大酒店主楼和藏戏表演艺术中心等重点建筑的墙体都是用石材砌筑之后，再在墙体外面刷白浆。用水泥砂浆抹面做出凹凸效果，再整体抹白水泥混合物。可以看出，鲁朗的房屋就是自然的造化，寓自然于建筑之中，鲁朗建筑也变得更加自然化。

为了真切地表现藏式建筑文化，设计团队聘请了当地300多个藏民，专门负责鲁朗小镇门窗的图案描绘。当地牧民代表西藏民间本土的审美理念，更能表现藏式图腾的美学价值。此外，当地民居建筑将藏式文化风格融入其中，融入了更多的艺术性，并综合现代建筑艺术，创新出一种全新的藏式建筑。

我和设计团队在设计过程中一直强调艺术性，这是鲁朗小镇最大的价值。从鲁朗小镇外观可知，更倾向于材料的地方特色和简洁，秉承藏族传统建筑学特色，在形态上继承了藏族建筑艺术元素，比如建筑门窗、色彩、外立面、斜墙，力求做到与传统文化的融合。

在鲁朗小镇设计过程中，公共建筑和酒店主楼采用了西藏古典建筑风格；而普通客房、商业步行街，则采用了民居的建筑语言。在施工过程中，尽量采用传统工艺最原真性的建筑，并在此基础上不断实现设计的突破与创新。现在，无论是鲁朗小学和美术馆，还是鲁朗游客接待中心，都是从没见过的新建筑，又保留了西藏文化元素。

西藏建筑四大艺术元素——光、色、空间和图腾

鲁朗小镇设计过程中，在积极吸取其他地区优秀艺术元素的基础上，我总结出西藏传统建筑"光""色""空间""图腾"四大艺术元素，并对四大艺术元素进行创新性地继承和发扬，通过新技术的运用实践，使传统艺术元素更适合新时代的发展。

光具有领域性、引导性、聚焦性、语言性等特点，对于空间氛围的营造具有独特的作用。鲁朗小镇藏式建筑就像错落的音符演奏着各种音乐，有的粗犷，有的细腻，有的现代，有的古朴。建筑的选址、建筑用材等较好地适应了雪域高原的自然环境和气候条件，体现了"天人合一"的理念，在平面布局、立面造型、力学构造、材料选用等方面，独具一格，折射出立体灵动、忽明忽暗的光线。

在设计中，设计团队不仅创造性地将传统建筑色彩、图腾和构造在建筑外部形象上充分表现出来，同时十分强调光的诗意地运用：通过天窗、回廊式空间以创造性的手法引入自然光，结合现代照明技术，营造了宁静、幽谧，富有西藏民族风情的空间氛围。

西藏传统建筑色彩中，红色为护法色，象征权利，逐渐演变成为高等级建筑的尊贵用色，仅用于寺院护法殿、灵塔等建筑外墙；白色是运用最普遍、象征吉祥的色彩，土黄色是一般民居夯土墙的材料原色。西藏传统色彩层级关系十分明确，按级别高低依次为：金色、红色、白色、土黄色。鲁朗小镇遵循西藏传统建筑色彩的等级关系及象征意义，运用红色、白色、土黄色强化建筑群体之间的等级观念、结构逻辑和时空关系。

建筑群体之间的色彩运用结合现代功能，灵活、创新性地诠释了西藏建筑色彩红色、白色、土黄色的内涵。"祈福塔"精神空间对应红色，高等级酒店对应白色，一般客房对应夯土墙的土黄色。同时，一般酒店（土黄色）围绕高等级酒店（白色）布置，也朝向精神性空间——祈福塔（红色），运用色彩表达出建筑之间的空间秩序，巧妙地通过色彩设计传达了建筑等级观念，强化了建筑之间的空间关系。

藏式建筑非常注重建筑色彩的一体化，由于白墙、黑色门窗框、香布帘和嘛尼堆，以及小嘛尼杆上的彩色经旗等共性，使得整个建筑群体的色彩达到了一种和谐统一，呈现出和谐之美。

鲁朗小镇的建筑色彩与周围环境相互呼应，遵循了西藏传统建筑色彩与环境的关系——既与环境形成鲜明对比，又与环境色彩调和。一方面，大面积的白色、部分土黄色及木材原色，与当地四季缤纷绚烂的色彩形成强烈的视觉对比；另一方面，建筑细部装饰色彩广泛应用环境中大量存在的红色系、黄色系、蓝色系及绿色系等高彩度色彩，与环境达成高度的呼应与协调。

鲁朗小镇的空间设计体现了对西藏自然地理和人文地理的深刻理解，对西藏传统建筑学作出了最集中、最完美的现代诠释。

在空间布局上，设计遵循工布藏式城镇的组织方式，提炼工布建筑艺术元素，采用"回"字形、"凹"字形和"L"形建筑平面；在空间组合上，设计采用主体空间式、序列空间式与组合空间式三种组合方式，同时形成了宽窄相间、收放自如、曲折多变的自然街巷；在建筑形态上，设计采用大比例双坡、四坡屋顶，打造"第五立面"，墙体设计为收分墙、边玛草墙和地垄墙，形成丰富多变的建筑立面。

依托基地的地形地貌，在原有河流、湿地的基础上适度拓宽，形成人工湖面（鲁朗湖）；旅游服务组团环湖布置，以湖面作为媒介，串联组团内的各个分区，构筑以鲁朗湖和湿地为核心的城市空间结构，形成"山、水、城"相互渗透的景观格局。

此外，采取生态小组团式单元结构，预留生态绿廊进行区隔，形成小镇雅屹河滨河带、林卡公园、草甸和湿地生态骨架。

西藏传统建筑的装饰图案有着深厚的文化背景，例如寺庙核心建筑屋顶中部的法轮、法鹿等。在现代诠释中，设计团队避免将纯粹代表宗教意义的装饰构件应用于现代建筑创作，重点借鉴了具有藏民族风格的传统建筑装饰。

西藏传统建筑语言
传承与创新

在研究林芝传统建筑学时，我发现了一个关键问题——林芝地区现在找不到古典建筑学（classical architecture）这种语言体系。一开始我想借助日喀则和拉萨地区的宫殿式建筑与寺院建筑作为古典建筑学体系放到鲁朗设计里面，但在建筑语言体系上却产生了很大的偏差。问题在于这两种建筑语言体系在地域方面是有差别的，这是后来通过研究与实践才慢慢发现的。

后来在考察周边地区的过程中，我发现不丹王国的建筑语言体系和林芝地区工布藏族的建筑语言体系有一种血脉关系。这一发现非常重要，因为它解决了一个长期困扰我的问题，就是如何建立起一个完整的工布藏族建筑学。

林芝工布藏族有两种语言体系，一个是古典语言（classical）体系，另外一个是民间语言（vernacular）体系。这个问题在考察完不丹建筑后得到了一个结论，就是可以在不丹的宫殿建筑和寺庙建筑中找到林芝地区消失的古典建筑学。由于这个结论的产生，使得我在鲁朗小镇整体方案上有了一次重大的方案调整。实际上之前的方案已经通过了专家评审，也受到了西藏自治区和广东省政府的肯定，但是从建筑专业角度我觉得还需要实现林芝地域藏族建筑文化特征，要保证地域文化的延续性和地域建筑学的原真性。

那么如何理解古典建筑学这个语言体系在林芝地区的表现形态呢？在不丹的历史建筑当中我找到了完整的建筑语言体系。比如说不丹的冬宫是现在保存下来的比较完整的一个宫殿式建筑语言体系，而不丹的民居则是民间语言（vernacular）体系，它和林芝地区的藏族建筑语言体系有非常相近的地方。这就有点像考古新发现，我看出这两个建筑学语言体系在发展进程当中是有历史渊源的，但是我并没找到详尽的理论依据，因为现在保留下来的林芝地区的宫殿和寺院式建筑只剩下遗址，缺少图文资料的历史记载，但是从民居的血脉关系来推断，我发现不丹和林芝这两个建筑语言体系是一脉相承的，也就是说可以用现有保存完好的不丹语言体系来补充林芝已经消失的工布藏族古典建筑学。

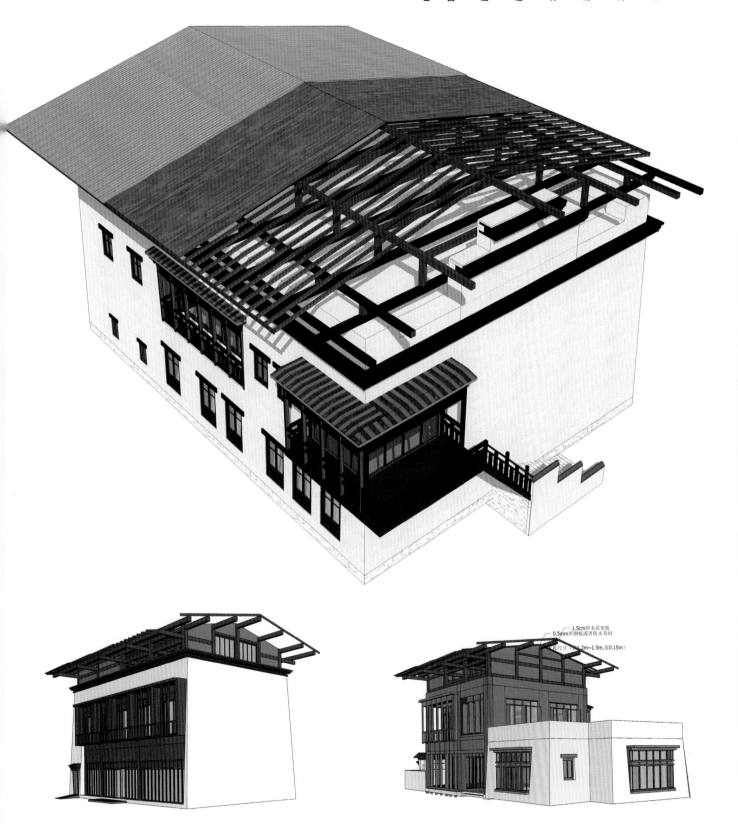

1.5cm厚木质望板
0.5mm厚钢板或者防水卷材
元尺寸（长1.2m~1.5m,宽0.15m）

林芝工布藏族建筑语言体系对之后的建筑形态设计有非常大的帮助，从鲁朗镇政府大楼的设计就可以清楚地看到，在设计过程中设计团队所依据的语言体系，与工布藏族地区的古典建筑语言和不丹宫殿式建筑语言体系，在血脉关系上的关联。不丹宫殿式建筑主要特征就是攒尖的运用，重檐攒尖和三重檐攒尖作为宫殿式建筑屋顶的最高形制。

这一发现与设计团队在鲁朗小镇设计过程当中在语言体系方面所对应的设计策略相吻合。我们更改了镇政府的屋顶形式，镇政府大楼是属于古典建筑体系的，它是一个政府行政办公楼。在鲁朗镇规划建设的整个片区内，镇政府的形制应该是最高的，所以它的建筑高度和屋顶形制应采用重檐攒尖这种最高等级的建筑语言来表现。设计团队首先完成了镇政府大楼方案设计调改，并取得了比较大的成功，这给予了其

他建筑设计很大鼓励，后来恒大、保利和珠江的项目，在设计方案上均采用了同样的方法，在处于中心位置的主体建筑设计上采用重檐攒尖屋顶。

需要特别指出的是，林芝工布建筑和日喀则、拉萨的古典建筑有一个本质上的差别，就是大昭寺和布达拉宫的屋顶是采用了歇山和重檐歇山作为最高的形制，比如大昭寺的正殿就是采用的重檐歇山的金顶。在大昭寺和布达拉宫没有看到重檐攒尖，这说明了两种建筑语言体系有本质上的差别，也反映了不同的地缘特征。因为藏北的建筑，特别是拉萨和日喀则建筑的屋顶形式很大程度上是来源于北方汉族地区的古典建筑，受到内地北方寺院建筑的影响，其语言体系可能与之前西藏地区和北方汉族地区，特别是山西、陕西以及河北的建筑交流有一定的关系。

一个很有意思的现象就是在汉族地区，宫殿式建筑语言当中最高的形制实际上是重檐庑殿。现存最著名的三个重檐庑殿是北京故宫的太和殿，其在古典建筑语言当中形制是最高的，但西藏并没有选择庑殿作为布达拉宫和大昭寺的最高形制，而是选用了仅次于重檐庑殿的形制，也就是重檐歇山。

由于重檐歇山在工布藏族建筑语言体系当中承担了最高形制的代表，因此设计团队在之后的设计过程当中采用了三重檐攒尖作为最高形制，然后是重檐攒尖，最后是单重檐攒尖作为三个等级来表达。恒大酒店的主体建筑采用两个重檐攒尖，在其他的建筑当中也采用了这个形制，比如说藏戏表演中心。它应该是在中区最高形制的代表，为了突出它作为鲁朗小镇里面最重要的一处建筑，不但采用了重檐攒尖，而且在重檐攒尖下面加上了一个两坡顶。

在研究林芝的民居语言体系时，还有一个地区的建筑语言体系与林芝相接近，就是云南中甸藏区民居，同样也有一个特点就是用很厚重的夯土墙，二坡顶很平而且挑檐非常大，其特点说明在语言体系当中，中甸和林芝在建筑学语言方面有比较接近的地方。

为了弄清楚林芝地区工布藏族的建筑语言体系，特别是民居的语言体系，我和设计团队考察了整个藏区，梳理了藏区几种主要的民居语言体系。

地域性
材料和技术

从 2012 年春天开始设计团队就在鲁朗小镇工地派驻现场设计人员，自 2013 年起，工地上一直保持有七至九名驻场设计人员。我认为，这是非常重要的举措，总设计师负责制很重要的价值就是如何在施工过程当中准确体现设计的理念，同时对于施工过程当中的工艺技法进行摸索。

前方指挥部对此予以支持，在鲁朗镇政府组建了一个工地办公室，由一个高级建筑师领导在九个工地工作的建筑师和景观设计师，还包括其他设计机构如结构设计、室内设计、灯光设计、标识设计机构派出的现场施工人员。驻场办公室是一个很重要的部门，每天驻场人员都和深圳办公室进行视频交流，在视频会议上讨论施工遇到的具体问题。

在施工过程中有两个方面的工作需要工地办公室完成：第一就是方案设计和施工图设计之间的协调，以及与甲方工地代表的协调；第二是施工部门之间的相互协调。工地办公室还有一项工作就是解决一些具体施工上的调改，即对

做出来后效果不理想的地方进行调整，有些是施工方法不理想，有些是建筑材料的限制等，这些都要及时进行调整。比如一开始希望采用石材来砌筑倾斜墙面，后来发现一是价格太昂贵，二是结构方面也有问题，所以在施工中就进行了一些调整。又比如白泥墙面的做法，工地办公室找了好几处建筑做了样板，探索各种做法，然后再把这些效果传到深圳办公室让大家做评估，很多细节上的改良都在视频会议中敲定，例如墙面如何采用一种抹灰的方式来产生这些纹路的粗细线条。

设计团队还探索了运用什么工具能够产生一种理想的墙面表现形式，为此在现场还要做一些发明创造，比如游客接待中心外墙的一种新线型就是完全现代的一种表达。这种通过一种像木梳子的工具拉出墙面的横线条，就是设计团队在墙面的纹路处理方面进行的创新。

同时，设计团队对铺地的施工也进行了研究，最初的设计是采用一种碎石子铺地的做法。有些材料由于运输成本等各方面条件的限制找不

到，有些材料的使用则需要有一个研究和采集的过程。我也参与了关于材料使用的讨论并且亲自去寻找过很多种材料。比如铺地用的石板，我一直希望能够找到像大昭寺天井里用的石板。但经过多方努力最终也没有很成功地实现设计要求的那种大块的石板。

有些材料需要现场协商和摸索，比如"闪片"这种地域性木材。设计团队进行了很多实验，最后发现在商业街屋顶所采用的尺寸、切割的厚度等各方面效果比较好，才在各个工地开始使用。色彩的确定和制作工艺的调整也是在工地上完成的，设计图上对颜色明暗度进行的调整都是根据当地的阳光照射角度、材料所处位置等因素确定的。

材料种类

（1）石材。石材是布达拉宫、大昭寺、民居重要的材料，石材的运用主要是墙面和地面。

（2）木材。主体结构特别是能够看见的部分采用木构，整个鲁朗小镇的屋顶主要采用木构。

（3）夯土。西藏最打动人心的材料就是夯土，倾斜的夯土墙面，不但结实，而且给人一种非常古朴、亲切的感觉。所以，鲁朗小学、酒店、美术馆等建筑采用夯土质感外墙。

材料做法

1. 石材的运用

（1）地面：其铺法是把整块大的石板（有的直径超过 2 米）放在中间，然后再依次接小的石板，各石板颜色略有不同，但整体是深色系，缝隙没有直线，浑然天成。

（2）墙面：西藏建筑的主体是石材墙体，是西藏传统建筑学的主要语言。一个案例是民居扎西岗村，扎西岗村上百年老房子的石材铺法很精细，泼上去的白土慢慢地沉淀下来，很有质感。鲁朗小镇选用当地石材和预制的夯土砌块，用砖砌的方式筑成墙体，然后在石材表面另外浇筑一层当地白石灰，形成具有天然纹理的白色墙面。

2. 木材的运用

木材分为大木作和小木作：
（1）大木作分为结构和屋顶。木构有一定的承重能力，但与石材相比差很多，因而承重可以用石材，装饰用木材，但挑空的屋顶一定是木结构。同时，木楼板有局限性，隔声不是很理想，所以可以采用其他材料如钢木结构或者混凝土结构做楼板。

（2）小木作是门窗和室内楼梯。门窗采用木结构材料，可以使用一些玻璃装饰，木材吸取地方做法和不丹做法。栏杆、木构等构件做法学习马来西亚的兰卡威 DATAI 酒店，把传统的手工工艺进行简化，用机器加工代替手工，既保存手工工艺的特点，又保持材料的原真性。

3. 阿嘎土的运用

阿嘎土作为鲁朗小镇主要的一种地面材料，使用特别的土和酥油制成，主要运用在屋顶和庭院里以及室内。

4. 夯土的运用

运用夯土材料的特征作为重要的装饰。

坡屋顶

（1）闪板屋顶。坡屋顶的结构选用木质框架，在檩条和椽的上面铺设木质的望板，再铺设防水层和 3 毫米厚的镀锌铁皮层，在铁皮层的上面铺设闪板（不规则大小的木质瓦片），最终形成一种自然的木质纹理。

（2）镀锌铁皮。通常做法是保留锌铁板的颜色，经历长久时间变色后成深灰色，接近木板颜色。不丹的做法是在铁板上刷喷漆，鲁朗小镇直接采用金属板颜色。
大型建筑采用金属板,如五星级酒店、公共建筑、学校、政府等，其他的采用传统的木板。

平屋顶

平屋顶的主要材料选用当地传统的阿嘎土。

墙体

（1）白灰做法：当地的石材做法和甘孜阿坝、日喀则做法很接近，采用当地石块砌筑，在处理斜墙面时，斜度有一定比例。西藏墙体处理上最漂亮的是布达拉宫，每年将白土从上面泼下来，形成自然纹路。鲁朗小镇墙面主要采用这种做法。

（2）手抹纹做法：用砌块砌筑出斜墙面，涂抹上 10 毫米～20 毫米厚的当地泥浆，用手涂抹出有机纹理，形成自然和谐的纹路，最后涂刷上当地白石灰，形成白墙面。

（3）仿夯土做法：用事先切好斜度的预制夯土砌块在主墙面外砌筑出一层斜墙，墙体的表面为夯土砌块的原色，形成有特色的自然色泽和纹理。香格里拉独克宗古镇还有一种新的做法，在石材墙体外面做成夯土，或者砖的外墙做成夯土。仿夯土做法主要运用在鲁朗小学、教工宿舍和一部分简易建筑当中。

一些特别的建筑其材质的处理做了独特设计，如当代美术馆、游客中心墙面设计需要特殊材料。鲁朗小镇总体上 90% 采用石头上面泼白粉和夯土做法。

墙面色彩

鲁朗小镇墙面只有两种色彩，一种是白色，白色采用当地白石灰为主要涂料，另一种是夯土的颜色，夯土采用预制做法，采用夯土砌块的自然原色筑成墙体。颜色控制为局部土黄色，酒店的客房，包括住宅、小型建筑采用土黄色，其余建筑采用白色作为基调。

室内

（1）室内地面公共部分用阿嘎土，在阿嘎土上铺地毯、地毡，其余部分大量采用木地板。

（2）室内地面均为彩色水泥做面层，颜色接近阿嘎土，即浅土黄色。

（3）所有房间、走廊等都需要踢脚线，材料和颜色与地面相同。

（4）室内楼梯台阶均采用木地板（其中防火疏散梯为彩色水泥面层，颜色接近阿嘎土，即浅土黄色）；室外台阶用当地石材。

门窗

门窗的材料一律采用木构，任何情况下都不采用铝合金窗框，这是鲁朗小镇的硬性规定。商业街门和窗体现个性化和多样性，不能够太过于统一。

西藏小木作做法是非常重要的艺术表达范畴，在西藏地区，包括林芝地区，窗子上采用布作为窗罩来遮阳的做法值得提倡，窗罩的做法对室内采光也有很大的帮助。

门把手一律采用红铜或黄铜，在公共建筑方面一律采用黄铜，门扶手、门拉手采用传统图案，包括狮头等一些传统图案做法。在民居、商住方面采用红铜。门窗构件上尽量多采用铜，红铜和黄铜最能够体现西藏门窗装饰特色。

门窗彩绘

鲁朗小镇
恒大国际酒店

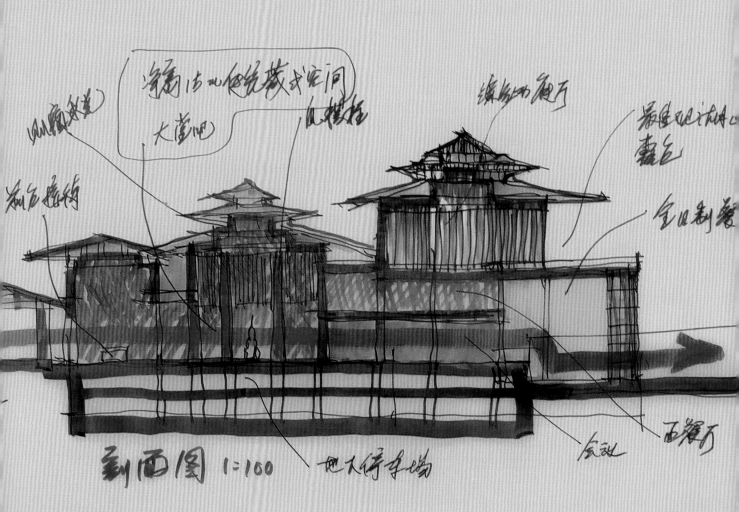

设计构思草图　陈可石

鲁朗小镇中区恒大国际酒店总建筑面积17230.06平方米，定位为五星级休闲度假酒店，位于中区的核心沿湖地带，远可眺望雪山，近可亲临湖面，有着完美的自然景观。恒大酒店由主楼和院落式客房组成。经过各种勘察，为使主楼适应现有地形，并与传统相呼应，设计团队将形体构建成多样性组合体，将其设计与花街的表演艺术中心、中心广场，及湖面的景观牌坊构成轴线关系。在酒店主楼的设计过程中，为体现设计的地域性，没有采取一般五星级酒店的大坡道、大雨棚的设计形式，而是以精致的藏式木楼梯设计取代主入口处的雨棚设计。西藏有代表性的公共建筑，游人需要走一段楼梯才进入建筑主体，文化意指爬楼梯的过程也是心灵净化的过程。我们如此设计的用意，主要是让游人从进入酒店的那一刻开始，就能亲身体验到藏式建筑的魅力。

游人通过广场的过渡，来到主楼的入口平台，由具有地域性的藏式木楼梯进入建筑主体。一层主要由大堂及公共部分组成，将大堂设计成传统四坡顶的塔状建筑，这是主楼的精神象征；

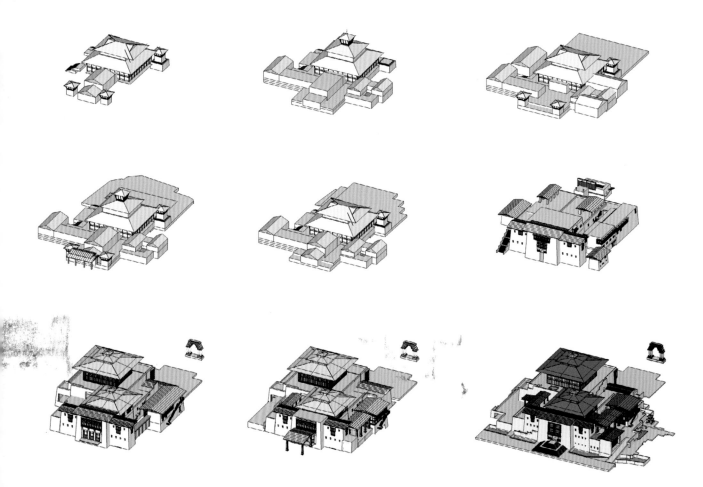

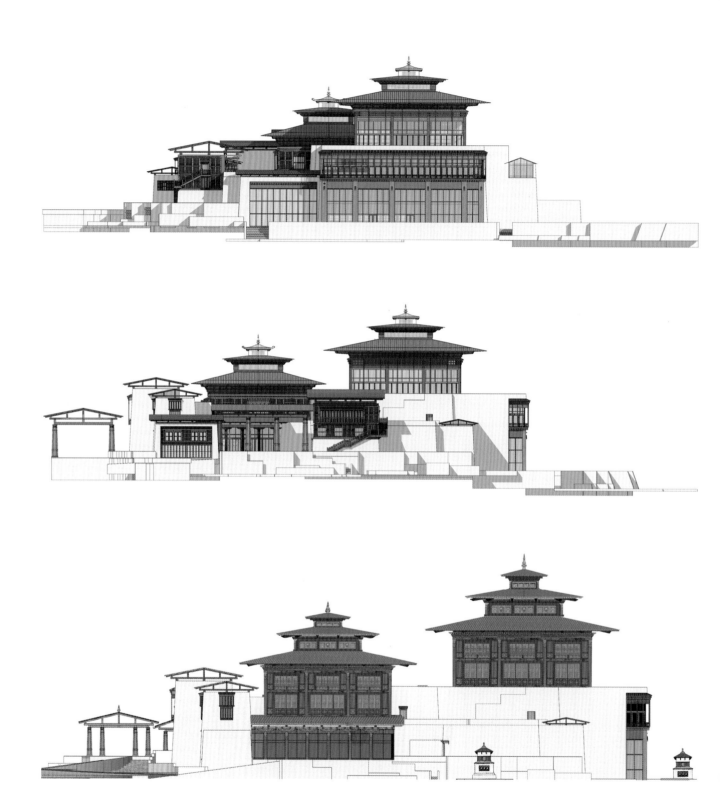

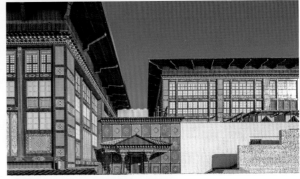

通过对光的运用，使室内的光影与空间产生直接互动，营造出神秘宁静的气氛。另一端，全日餐厅占据了建筑沿湖景观面，设计大面积的玻璃幕墙保证了视线的通透，远眺雪山，近观湖景，明亮和愉悦的氛围油然而生；餐厅外设计了亲水平台，是让有兴趣戏水的游人可以跟大自然来个亲密接触；建筑的顶层设计成特色餐厅，除了拥有特色景观之外，窗外的雪山与湖泊予人以宁静和安详。垂直交通的多样处理也是主楼的一大特色，通过藏式楼梯将不同楼层的观景平台相互联系，让游客从不同的层面去体验建筑的魅力。

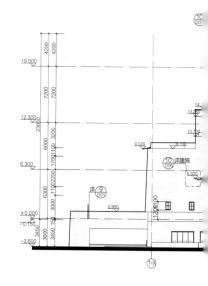

建筑适应现有场地，强调地域特色。院落式客房分组沿湖布置，每个组团采用前厅后院的围合布局，并构建了多样化的形体组合，跟主楼一致。客房分等级围绕院落向心布局，内部强调私密性，外部开敞引入景观。在建筑内部，经过入口门厅的过渡后进入建筑主体。设计团队对传统院落空间的设计思路是，让院落成为内外空间的交换场所，也成为天人合一的精神空间。在夜幕下，院落也是活动聚会的场所，伴着动人的音乐和暖人的篝火，体验不同的西藏风情。

设计构思草图 陈可石

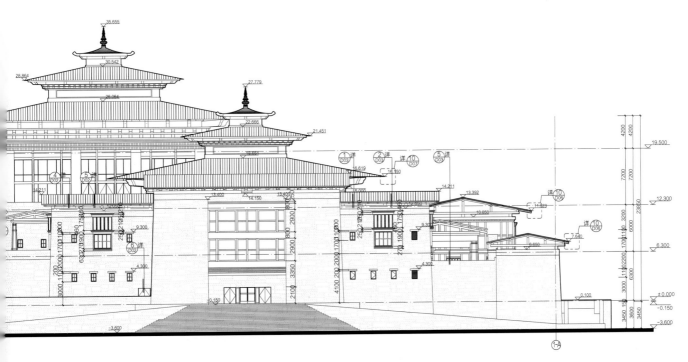

①-⑧-①-④立面图 1:150

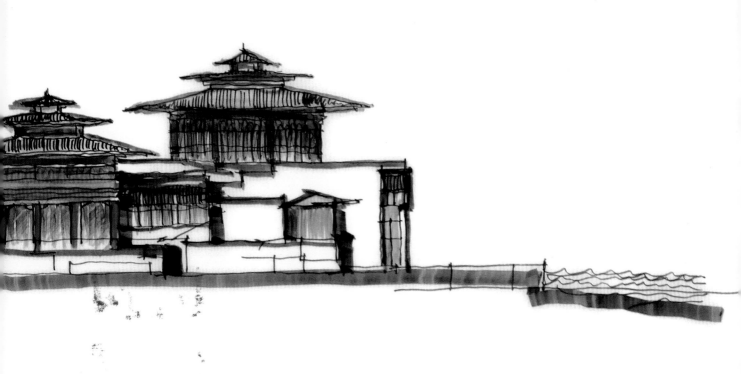

我们确立恒大酒店的设计理念是"地域性、艺术性、形态完整"。为了使方案更具当地特色，无论是在建筑选材，还是在墙身和屋顶的做法上，都有着严格的要求。

在建筑墙体材料的采用上，为了体现建筑的地域性，呼应当地传统建筑，恒大酒店墙体石材砌筑外墙采用的是当地自然石材，颜色不限，石材为自然边，非机器切割，先将石材大小搭配砌筑，然后在石材面层整体抹白水泥（内掺腻子粉、胶、白水泥），最后外刷白色外墙漆，通过对上述细节的控制及现场施工的指导，酒店墙体的最终效果得到保证，把石材墙体特有的厚重及藏式建筑的粗犷大气完全体现了出来。

酒店立面还大量运用了当地的传统材料——木材。经过调查研究，设计团队发现类似于仿木质感涂料完全达不到设计要求，而且门头装饰构件是最能体现细节、展现西藏特色的，因此设计方案坚持使用木材，禁止使用仿木质感涂料。门窗框料也优先采用木质，严禁使用塑钢。使用传统材料，保证了建筑的地域特色。

完工后的鲁朗恒大酒店餐厅

鲁朗小镇

鲁朗美术馆

美术馆是一个非常现代和与众不同的建筑形体，这是我在欧洲旅行时得到的经验。我发现很多欧洲小镇的博物馆和美术馆采用全新的建筑表达技法，比如采用钢结构和大玻璃，与传统的木结构建筑形成强烈对比。设计鲁朗现代美术馆时我有意在中区设计一个现代版红色墙面的美术馆。我认为，在中区广场上需要有一个建筑作为广场的核心，视觉上美术馆应该给大家一种焕然一新的视觉感受，因此有意把美术馆设计成一个反其道而行之的建筑。这个美术馆我主张是 80% 为现代元素，余下 20% 再考虑如何表达西藏艺术元素。

鲁朗小镇首先从城市设计的角度考虑是成败的关键，因为只有从整体上对这个旅游小镇的形态有所考虑才会具体去研究每一个建筑在这个完整的小镇形态中扮演一个什么样的角色，有多少比例的建筑要承担普通的角色，有多少比例的建筑要脱颖而出。

设计构思草图　陈可石

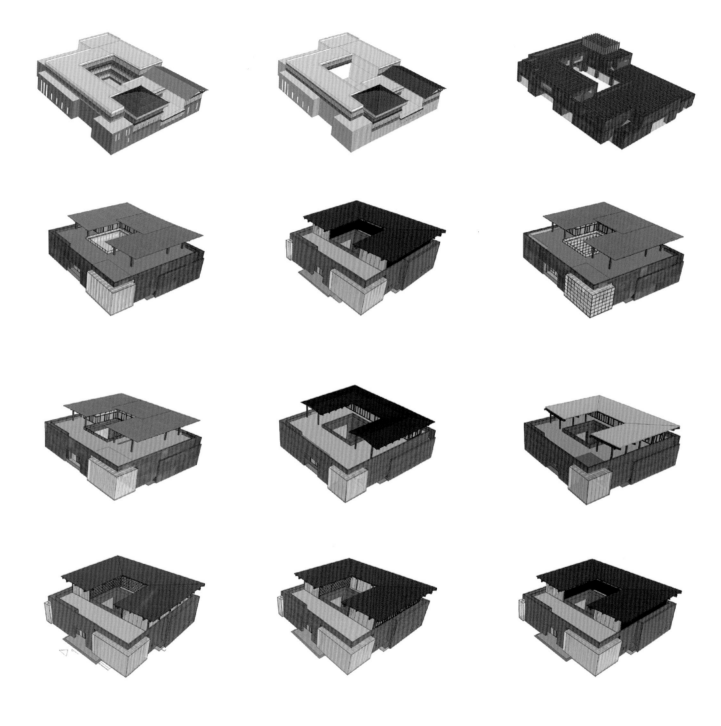

我认为创新是人的本性，所以在鲁朗小镇整体上我希望有约 20% 的建筑给人一种全新的感觉，这就是为什么今天去看鲁朗小镇会感到可观性比较强、不沉闷的原因。

新的建筑并不是完全没有依据的、一种从天而降的建筑，它们和工布藏族的建筑传统有一种血脉的联系。这 20% 的继承，我理解是一种抽象的设计，是一种对于传统建筑语言的高度提炼，也是设计师对原创提出的一个更高的要求。

在我看来，新兴的功能，比如说美术馆、摄影展览馆、游客中心规划馆和小学等应该由一种非常独特的现代建筑来表达。

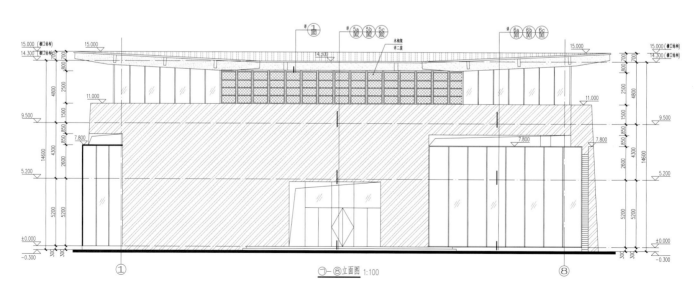

①—⑧立面图 1:100

鲁朗小镇

鲁朗演艺中心

鲁朗演艺中心总建筑面积 8760.18 平方米，由藏戏表演艺术中心和现代摄影博物馆两个部分构成，是恒大酒店区域中最重要的建筑，也是中区体量最大的单体建筑。作为坐落在中央广场周边建筑群中的重要建筑，其位置坐西朝东，正好在中央广场上形成一个轴线关系。在建筑布局上是以主楼的方式来考虑的。

鲁朗演艺中心体验的是传统与现代地交汇和融合。确定设计鲁朗演艺中心时，鲁朗小镇已经部分完成了建筑设计，设计团队有了一些经验的积累。但是这个项目还是一个新的挑战。首先，在定位上，作为旅游小镇重要的文化建筑，必须反映出传统文化特色的同时又要表达发展的愿望。其次，在功能上，除了演艺大厅，还具备了展览和部分高端餐饮的功能，流线相对复杂。在经过了长时间的推敲之后，终于确定了突破口——现代建筑表达中，石材和玻璃经常一起使用，形成强烈的对比；而鲁朗当地的石材墙面倾斜、敦实，如果再加上玻璃体的元素，那必然形成强烈的视觉冲击力。同时，丰富的体量组合结合复杂的功能布局，形式与功能形成了一致。

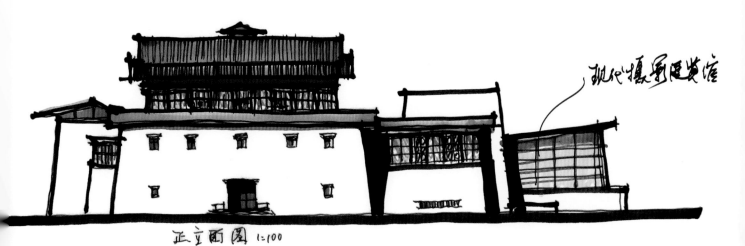

现代摄影展览馆

正立面图 1:100

设计构思草图 陈可石

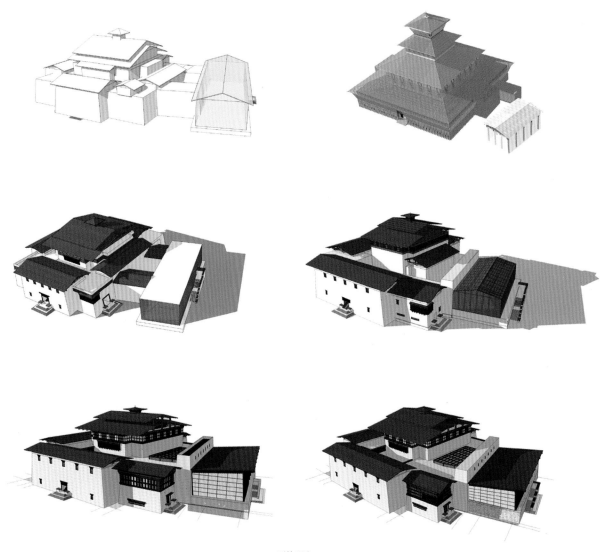

形体研究

藏戏表演艺术中心布局灵活自由，高低错落，体现自由生长、非对称、围合院的布局风格；墙体为西藏传统的斜墙，体现出藏式传统建筑结构坚固稳定的特征；整个建筑高低错落，层次丰富，同时强调出主体建筑，给予一定的引导性。建筑围合形成不同的庭院空间，自然围合的内院，创造富有禅意的空间。各建筑以丰富的空间变化，传统的建筑语言，创造具有深厚地域与民族特色的空间。

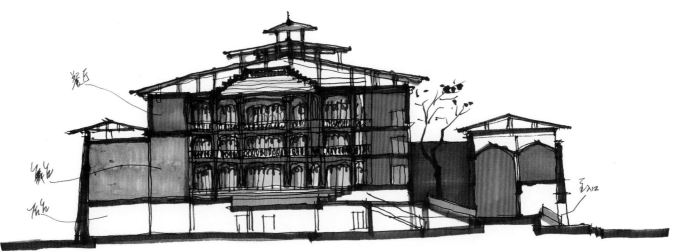

剖面图 1:100

设计构思草图 陈可石

藏戏表演艺术中心正立面 1:200

藏戏表演艺术中心南立面 1:200

陈可石
2012.9.7

表演艺术中心立面设计采用西藏传统的建筑元素，墙体采用白色作为主要色调，建筑门窗皆采用西藏当地的木质门窗，装饰极具民族特色的花纹，屋顶采用木构架承屋结构系统，整个设计充分表现出独特的地域特征。

藏戏表演艺术是一种传统方式的非物质文化，而半岛式舞池则是中国传统戏剧典型的一种布局方式。因此，在舞台设计上采用了半岛式舞台和下沉式舞台相结合的方式。表演者可以在半岛式舞台上面表演，也可以走下来，走到下沉式舞池里表演，这一设计很接近伦敦莎士比亚剧场的做法，比较有利于游客和演员均能在这个空间中充分体会到传统藏族表演艺术的特征。

在现代摄影博物馆部分，特意采用了钢结构来体现现代摄影这种新题材。和藏戏的空间不同，它更希望表达的是一种现代的空间感受。设计团队采用了钢结构和大片的玻璃，希望这个组合能够在传统和现代、封闭和开敞中取得平衡。

为了区别于藏式演艺建筑，该建筑采用了厚重的墙体，墙体本身也是一个单跑楼梯，一直到了二层，然后再从二层进入到展览大厅，从展览大厅的二层平台进入到展览大厅的一层，形成一种空间上的体验。这些廊道、楼梯间和整个过程创造了一种富有变化的空间，它的墙面也是展览空间，这些都希望能够表达出藏式建筑的一些手法，特别是楼梯间，

是藏式建筑浓墨重彩的地方。楼梯间和光的效果结合在一起，使空间上的立体感、光影的变化能够体现出来。

在室内设计上，经过仔细研究，设计团队采用印象派和时尚品牌中使用较多的柠檬黄、粉绿这样的颜色，借以表达传统西藏的颜色符号。

另外，屋顶采用林芝地区工布藏族的三坡。由于它的形制比较高，根据传统建筑的做法，它一定是三重檐，设计团队做成三重檐再加一个顶，四重檐。这样在整个鲁朗建筑形制上形成了一个最高的形制。

鲁朗小镇

鲁朗珠江国际酒店

鲁朗珠江国际酒店是鲁朗小镇唯一的宫殿式五星级度假酒店。宏伟的酒店主体、华丽的会所、庄严的金色佛堂，游客在鲁朗珠江国际度假酒店可以深刻感受与体会到雪域高原的神秘与圣洁。

酒店项目位于鲁朗小镇南区，规划总用地面积 13 公顷，总建筑面积 2.7 万平方米，酒店总共拥有 120 间客房和 7 间套房。酒店东临鲁朗湖，西靠被誉为"中国最美景观大道"的 318 国道，近可依水欣赏田园牧歌风光，远可眺望林海雪山，拥有完美的自然景观。

设计构思草图 陈可石

酒店建筑是我们在有着严格的规划条件限制与建筑风格要求的情况下，进行的一次有策略的适度创新和突破。珠江酒店的设计立足于西藏传统文化，力求以独具特色的藏式宫殿和院落空间，以及与众不同的设计细节，使其在鲁朗众多的豪华度假酒店中独树一帜，赢得游客和度假者的青睐。

建筑本身就是一种空间的艺术，而作为讲求品位与居住感受的度假酒店，空间的艺术性尤为重要。我们汲取代表传统藏式宫殿建筑的石砌墙体、木构门窗和四坡屋顶等建筑特色，以当地的木材、石材为主要建造和装饰材料，采用木质门框、窗框、地板、装饰柱等建筑构件，体现当地原生态的生活环境；石材主要运用于建筑基座、商业界面、花池、室外路面等处，突出建筑与自然地面的联系，体现建筑自然生长并与自然融合的感受；搭配玻璃、涂料等新

型材料，采用现代手法演绎提升区域时尚感，塑造符合藏式民族特色，又不失现代风格的独特建筑形式。

酒店以一条面向鲁朗湖和南迦巴瓦雪山的临水景观为主轴线，连接了会所，宫殿式酒店及商业区。酒店由主楼和院落式客房组成，入口处为大水池，与入口大堂佛塔塔楼交相辉映，仿佛整座酒店都矗立于水上。入口庭院的水景向内延伸，引导客人进入水上连廊连接至大堂，廊桥踱步也别有一番滋味；站在酒店主楼前，眺望古朴塔楼，气势恢宏，十分壮观。

整个酒店建筑以佛塔为核心，向四周展开，按照"闹静分区"的原则，餐饮宴会区和客房区分开布置于南北两个庭院，往南为后勤、餐厅、娱乐和会议区，餐厅除了提供美食，还特别重视对视觉景观与环境的营造。

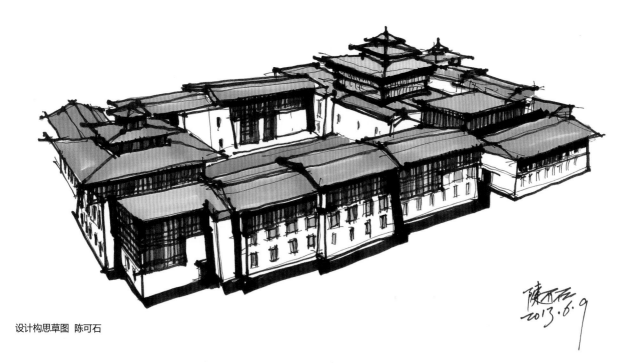

设计构思草图 陈可石

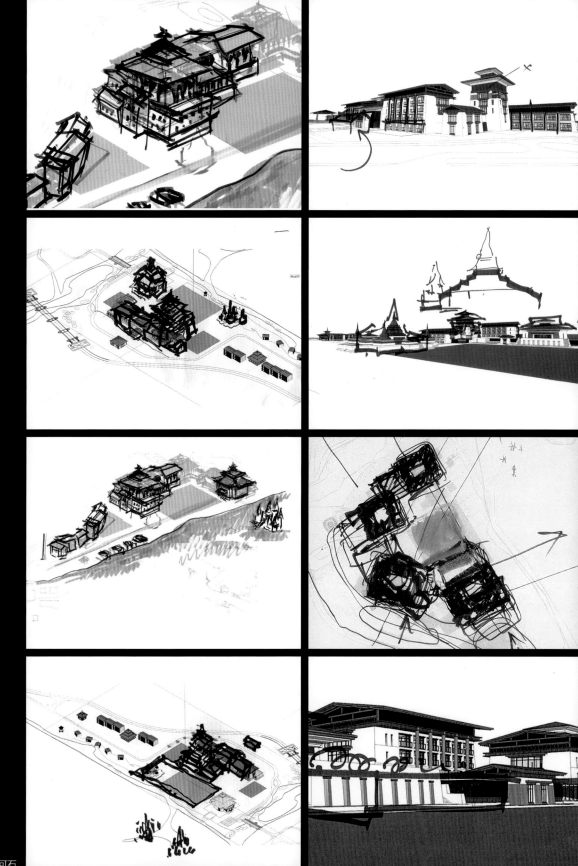

设计构思草图 陈可石

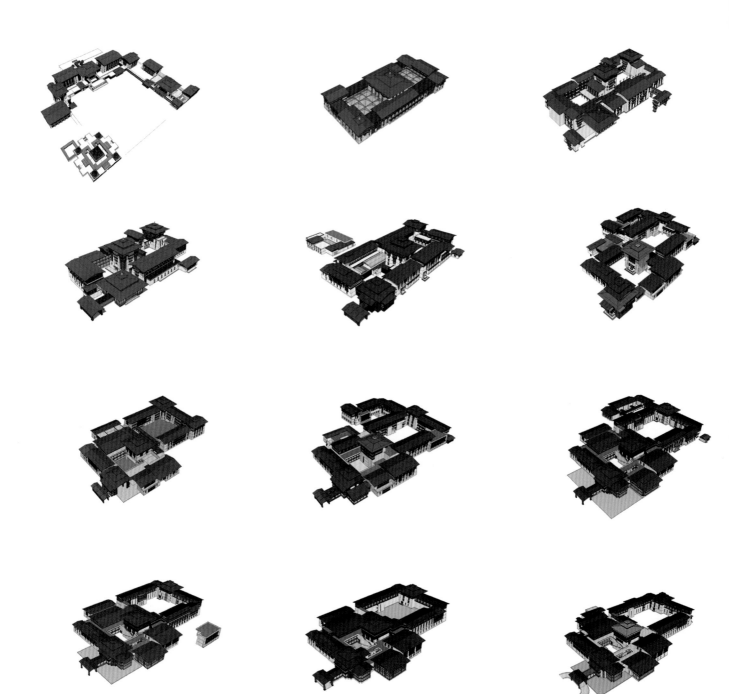

形体研究

北边是客房区，呈环抱之势围绕形成内院，庭院景观、藏式建筑和高耸佛塔结合当地林海雪山背景，呈现出丰富的层次效果。对于大型酒店而言，主体建筑不同部分保持不同的朝向，可以为不同区域的客房带来不同方向的景观视野。沿着弯折的廊道前行，呈现给客人不同特点的建筑空间，让客人在廊道的行走中逐步远离喧嚣，享受一个安静、放松和安全的居住空间。

酒店的东侧拥有大面积的临湖空间作为景观广场，是区内重要的景观展示区，也是酒店的第一重庭院。这充分利用了鲁朗湖天然护岸的环境，设立滨水漫步栈道和亲水平台，拉近游客和雪山融化的河水的距离，打造层次丰富的滨水景观空间。第二重庭院由一条四面回廊环绕而成，经过第一重庭院的过滤，更深处的第二重庭院的氛围愈显宁静安详，令人进入一种超凡脱俗、宁静致远的精神境界。

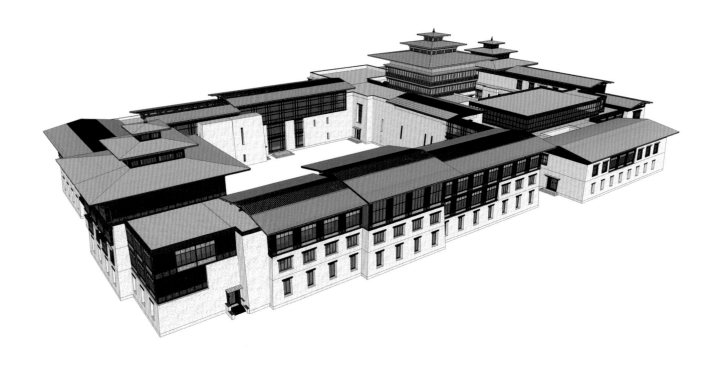

藏族传统色彩设计

酒店南部是商业区，主营藏式特色商品和民俗餐饮，满足广大游客购物、休闲与饮食的需求。商业区为小体量木构坡屋顶造型，采用了藏式建筑的门窗、尖顶方塔等元素，形成丰富的建筑形态，突出藏式建筑特点。酒店与商业街之间以特色景观形式衔接，景观小品和小型绿地形成最柔和的过渡带，是游客闲暇休憩，观湖赏景的最佳场所。

酒店北侧矗立着高端会所，使酒店整体圣洁宁静的意境得到升华。会所滨临雅屹河和鲁朗湖，两面环水，与周边环境融为一体，建筑圣洁大气，是藏式建筑风貌的核心体现，也是游客观光、高级娱乐、养生体验的目的地。

我认为，旅游度假酒店的文化创造，要掌握当地旅游度假资源的本质特征，并将顾客所需的度假特质加以提炼、包装，并融合到酒店的服务产品中，才可形成酒店独特的文化，体现出生态、环保、天人合一的文化感受。旅游区整体空间形态和景观布置均以游客的使用要求及城市环境景观要求为重点，采用点、线、面结合的手法最大限度利用藏区本身资源禀赋，使建筑物与自然景观相互渗透，形成协调、和谐空间格局，为游客提供舒适高雅并具有地域生活气息的传统藏式建筑群体和视野开阔、层次丰满、宁静安详的游赏体验。

鲁朗珠江国际酒店大堂设计，体现了西藏的建筑空间的核心特质，它充分体现出西藏建筑艺术的一些特征，特别是从四坡顶底的下沿射进来的阳光是典型的西藏意象。酒店大堂首先是在东面的休息空间等待入住办手续，这样游客到了酒店第一个印象就是通过酒店的落地窗看到鲁朗的雪山和湖面。这样的景色和体验非常令人震撼。

酒店和镇政府大楼的体量正好相互呼应。最抢镜的也是这种高矮不一、双坡和四坡屋顶构成的画面感。同时，底层小、二层中等、顶层最大的窗户形式，倒逼设计把每层的客房做出差异化，把最高档的客房设置在顶楼。设计中这个建筑里面把经堂作为了一个很重要的建筑空间，放在酒店的正中央。经堂可以成为酒店的一个重要的公共空间，可以作为图书馆，也可以作为祈祷的场所。

鲁朗小镇
藏药养生古堡

在藏药养生古堡设计中，我们力求让藏药养生古堡与自然环境之间形成和谐的对话。在尊重周围环境和资源的基础上，继承和发展藏族传统建筑艺术，赋予藏药养生古堡现代生活的必备要素，体现其所在的价值。古堡临近鲁朗珠江国际酒店东侧，总用地面积 2057.27 平方米，与鲁朗珠江国际酒店主楼和恒大酒店主楼遥相呼应。

藏药养生古堡整体设计成一个城堡的形式，以围合的形式布局，坐落于湖泊中。外看似个孤岛，内部是另一个小天地，其与岸上密集的建筑群分隔，有够强私密性，成为极具神秘色彩的建筑物，有一种可望而不可即的感觉；整个鲁朗小镇的自然人文环境得天独厚，加上围绕城堡四周的湖泊，沉沉的湖水，美得如诗如画，宛如人间仙境，成为最具特色的 SPA 空间。

立面设计采用西藏传统建筑的元素，白色为建筑立面的主色调，门窗采用极具当地特色的木门窗，饰以传统特色花纹，屋顶有平屋顶、坡屋顶等。墙面色彩的轻盈、门窗细节色彩的跳跃以及屋顶色彩的沉稳，在立面上形成了和谐的色彩旋律。建筑立面上形状呈现圆、方的对比，使建筑在传承西藏传统建筑文化的同时赋予了新的时代审美特征，体现了设计的原创性、艺术性和地域性。

一层主要设置为接待和洗浴功能，其中接待作为整个建筑的主要空间，充当了公共空间和交通枢纽。在设计上通过大面积玻璃窗将采光透过传统藏式楼梯上的中空部分，使藏药展厅的空间更具韵味。二层主要设置为套房、藏式茶饮等服务设施，中间设有中庭花园作为开放的公共空间。局部高出的部分作为别墅为宾客提供更为独特的私密空间。在藏药养生古堡休息时，一边品尝草本香茗，一边欣赏俊美山景，聆听与自然沟通的声音，享受静谧的时光。

设计构思草图 陈可石

藏药养生古堡是一个非常重要的景观，因为它既是整个小镇的一个景观，也可从藏药养生古堡的平台上回看鲁朗小镇，将来可能是一个很重要的游客参观项目。

藏药养生古堡的设计，源于藏北建筑的元素，也融合了古堡的一些形态特征。在设计上，我尝试把藏式建筑和欧洲的古堡做一个融合，产生一种新的建筑形态。从整个布局上看，它是在鲁朗小镇南边很开阔的一个重要位置；从它的形态来说，它是唯一一个带有一些欧式做法的建筑。当然，团队在设计鲁朗塔桥时，也吸取了一些欧洲石拱桥的设计，参考了在法国的一座石桥的做法。

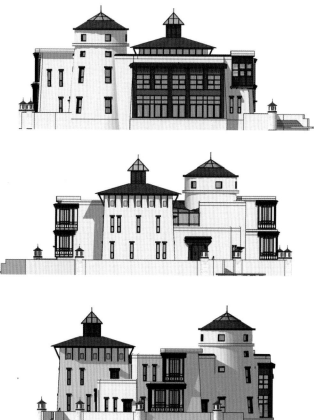

鲁朗小镇
鲁朗镇商业街

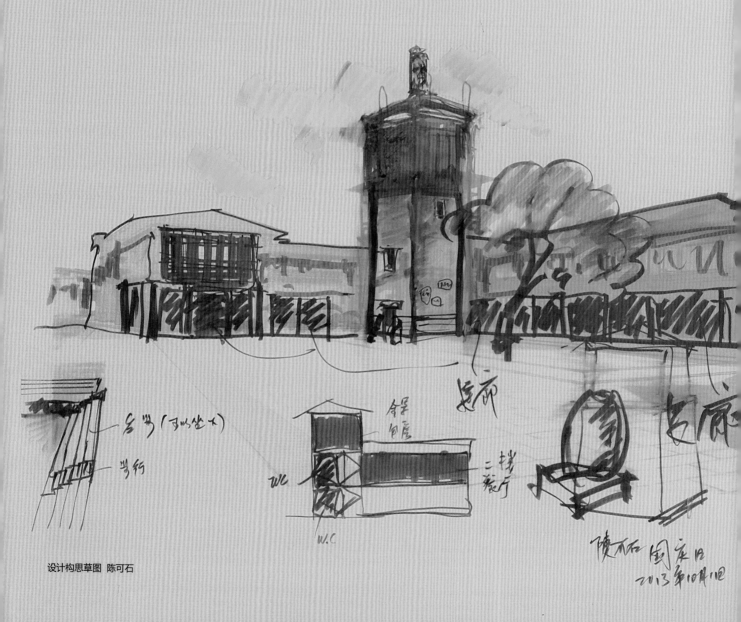

设计构思草图 陈可石

根据广东援藏部门和项目组商议的结果，在鲁朗小镇的南边另寻一块大约 10 万平方米的空地，建设一个新的鲁朗镇。除了镇政府以外，商业街的建设对于鲁朗镇非常重要。回迁的牧民需要有可持续的生活方式，设计的目的是希望商业街为当地牧民提供可持续生活的物质保障。在设计之中不单单需要为原住民考虑还给他们有效的建筑物业面积，更重要的是让他们成为旅游小镇投资的直接受益人，能够在旅游小镇里面可持续地生活。

商业街按照传统民居的布局和表达方式进行设计，强调建筑语言的统一性，并在统一中追求多变，形成多元的表达。我在设计鲁朗镇商业街时，特别注重商业街传统的、有机的生长方式，按照有机的空间布局和建筑形态来进行设计。

门装饰构件立面色彩设计

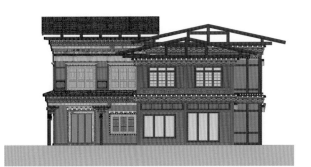

设计构思草图 陈可石

为此我做了多轮草图设计，仔细推敲研究广场的各个角度。在商业街设计过程中，公共空间设计是很重要的一个因素，我特别地强调了水系在商业街的作用，设计了一条流经商业街的水道，这对于带动商业街的空间流动性和创造一种生动的气氛有很大的帮助。

商业街重点营造了一条庭院式特色街道，通过空间与阵列的组合形成独特的旅游体验。建筑造型大致相同，临街道面以门窗形成序列，给游客强烈的街道延续感；临院落面以随机的立面组件排列形式突出自然、休闲的意境，使游客能在清新自然的氛围完成购物休闲活动，达到身心放松的效果。

方案设计在商业街的北面安排了一个广场，这个广场和政府行政楼的前广场是连在一起的，从而形成了一个特别开阔的广场空间。西藏建筑在空间组织上首先是考虑精神需求，按照现代建筑对于空间的概念，很难理解西藏建筑空

栏杆、柱子装饰构件立面色彩设计

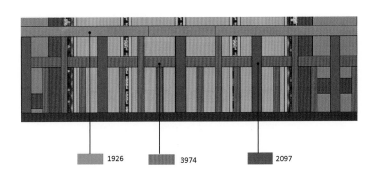

1926　　3974　　2097

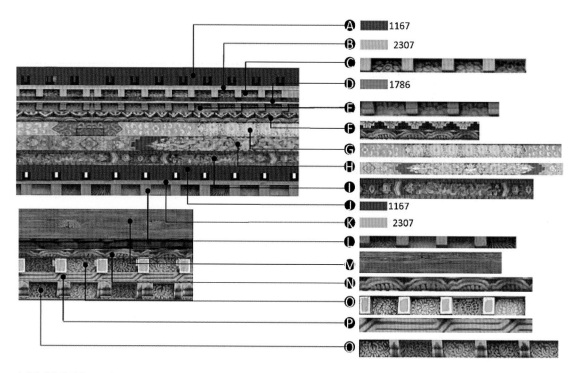

A 1167
B 2307
C
D 1786
E
F
G
H
I
J 1167
K 2307
L
M
N
O
P
Q

商业街装饰构件立面设计

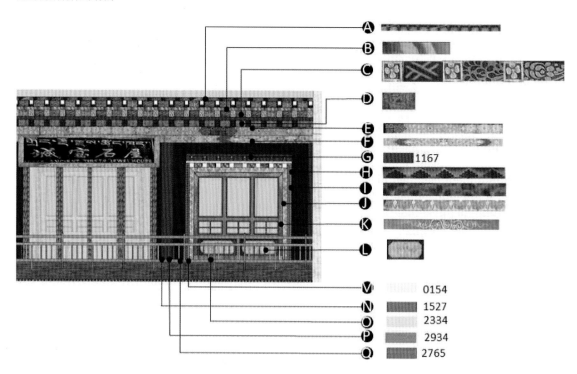

A
B
C
D
E
F
G 1167
H
I
J
K
L

M 0154
N 1527
O 2334
P 2934
Q 2765

间实际上是一种对于神与人关系的追溯。这是一种精神层面的空间，这种空间的表达是一种人与神的对话，所以在设计这两个广场时，设计团队特别考虑到了西藏传统的宇宙观对空间的理解。

为了让广场和商业街有一个空间的分割，我们做了一个门楼，对广场和商业街的空间进行了分割。进入到商业街以后有四个主要的广场，分别设置在商业街的中部，各相隔 100 米左右，广场在空间形态上的安排也有所不同，从而形成了一个广场系统。商业街的建筑空间方面则是由 17 个院落组团形成。

鲁朗小镇

鲁朗镇政府

鲁朗镇政府总建筑面积 8209.97 平方米，包含了镇政府行政办公、一站式服务大厅、法庭、派出所、文化广播、农推中心、乡镇职工保障房、卫生院、农业银行、电力邮政通信营业厅、消防站、公共厕所，为整个鲁朗小镇正常运转提供公共服务配套。

鲁朗镇公共建筑除了服务于约 1008 亩的鲁朗小镇建设范围外，还包括罗布村（由朗木林村、崩巴才村和纳麦村组成）和扎西岗民俗村等共8 个行政村。鲁朗镇公共建筑所在地原为村民挖沙的河滩地，镇区完整独立，地势平坦，靠近纳麦村和崩巴才村，西临鲁朗河，东靠山，北侧是湿地草甸和鲁朗湖。

设计构思草图　陈可石

正立面图 1:100

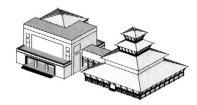 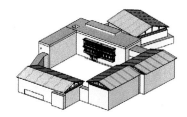 

 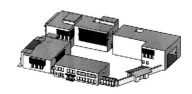 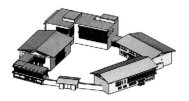

 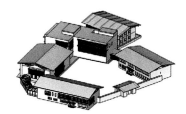 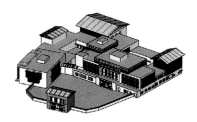

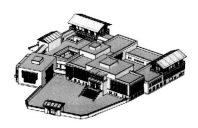 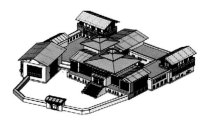 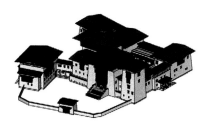

形体研究

四坡屋架颜色设计 (镇政府组团所有的四坡屋顶均参照此屋顶颜色)

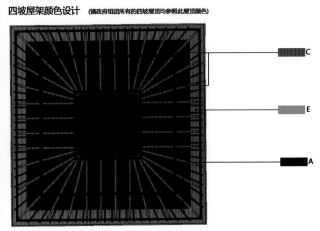

C

E

A

四坡屋架颜色设计 (镇政府组团所有的四坡屋顶均参照此屋顶颜色)

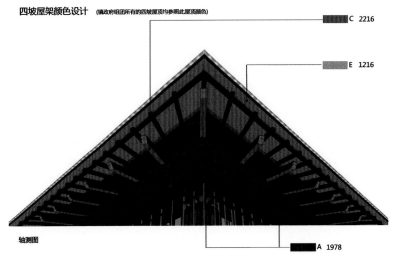

C 2216

E 1216

A 1978

轴测图

四坡屋架色彩设计

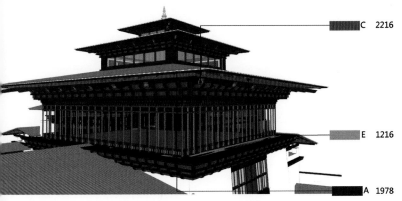

C 2216

E 1216

A 1978

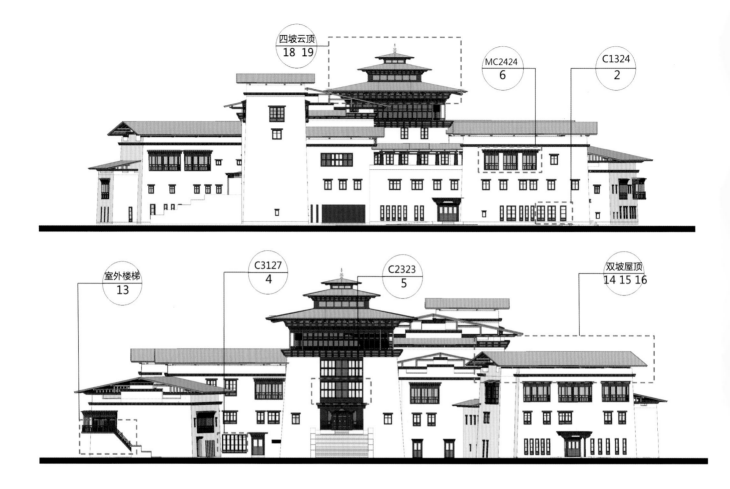

鲁朗镇镇政府组团设计时考虑到一站式服务大厅集中和对外功能较多，且方便居民使用，空间上多设置为大空间。镇政府办公楼和一站式服务大厅紧密相连，功能互补，镇政府、法庭、派出所、文化广播整体式设计，避免了独栋设计时设备设施空间的浪费，且互相之间有通道可抵达，为将来改造及使用上的多功能提供可能性。

工布藏族传统民居都有一个相对私密的院落，用木柴或石头砌筑，设计团队借鉴其空间组织形态，镇政府、法庭、派出所、文化广播共享一个院落空间，当地毛石砌筑院墙，在南侧设步行入口大门。镇政府组团的入口门厅在功能上是人员集中、疏散的区域，对外办公用房主要集中在一二层、便于向外部人员提供服务。内部办公用房主要集中在三四层，是政府人员的办公区域。此外，在文化站顶楼，为工作人员提供了环境优美、生态的用餐环境。

此区域是鲁朗镇区重要的精神空间节点，建筑立面设计采用传统藏式形制较高的公共建筑风格结合现代手法，利用西藏传统建筑在空间布局与立面造型上表现出灵活、不对称的特征。设计师在立面设计时精心安排建筑体量形态，同时采用木构架承屋结构系统，墙体采用收分斜墙，外廊局部采用灰空间的处理方式，充分考虑气候特征。建筑采用厚重墙体，除了局部疏散楼梯外，主要楼梯均采用西藏"回"字形、L 形和直跑楼梯。在主要公共空间、楼梯设置顶光，营造出西藏特有的神秘光影空间效果。

我一直很喜欢西藏建筑的一个处理手法就是在建筑前面有一个大台阶能够直接上到二层。

比如布达拉宫的白宫有一个楼梯是从外侧直接上到二层。在很多西藏建筑之中都可看到这种做法，从建筑学上来说是增加了建筑的雄伟感和仪式感，从空间上来说是一个非常重要的建筑空间序列的设计。因此，镇政府建筑的南侧和西侧都设有高大的台阶直接可以上到二层，二层是镇政府大堂，一层包括报告厅和车库。

色彩设计较为纯粹简洁，白色为主色调，然后是红色、黑色、绿色和土黄色。门窗多用原木色。外墙采用西藏传统建筑中的石砌外墙外刷白浆的做法。整体建筑设计体现出藏式传统建筑结构坚固稳定、形式多样的总体特征。

鲁朗游客接待中心和规划展览馆

在设计过程之中修改最多、耗时最长的是游客接待中心和规划展览馆。这个建筑原来是两个不同的建筑，一个是游客接待中心，另一个是规划展览馆。为了营造建筑前的一个广场而把两个建筑合起来考虑——这个广场在 318 国道的旁边，是游客最容易接近的公共空间。现在的建筑形态是两个分开的建筑中间有一个大的通廊并且上面的屋顶连在一起。

设计伊始，我希望能够做一个以太阳光电板为能源的示范建筑，但是后来发现如果把太阳能光电板铺设在建筑上面就会对整个小镇的形态产生影响，所以最后放弃了这个想法。规划展览馆和游客接待中心都是全新的功能，我认为这个建筑的设计重点表现的是"现代的"这个概念，应该以一种全新的表述，塑造一个现代版的林芝工布建筑。

游客接待中心和规划展览馆建筑设计一共出了十九次修改方案，但还是不令人满意，我自己也非常困扰，因为这个建筑的位置很重要却一直拿不出一个令人满意的设计方案。有一天我路过一个工地，看见一台红色的龙门吊，就是在海港常见的那种吊车，巨大的红色梁柱使我产生了联想——能否用吊车的悬挑钢结构来表现林芝传统民居屋顶的那种飘逸感呢？正是基于这一灵感，做了现在的实施方案。这是一个非常重要的突破。除了屋顶外，这个建筑的墙身仍是采用林芝民居的传统处理手法，墙体是倾斜的，是一种很厚重的表达。屋顶虽然采用了钢结构，但是在设计上采用了长达 10 米的悬挑，并在屋顶和建筑的墙身之间进行了架空的处理，这是林芝传统民居屋顶建筑处理手法的一种全新表达。

鲁朗游客接待中心和规划展览馆建筑形态的创新性处理，完成了传统工布藏族建筑学现代表达在语言上的突破，是西藏传统建筑现代诠释的成功案例。

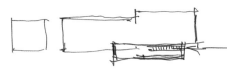

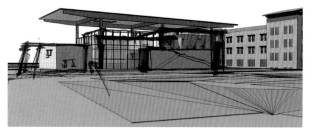

设计构思草图 陈可石

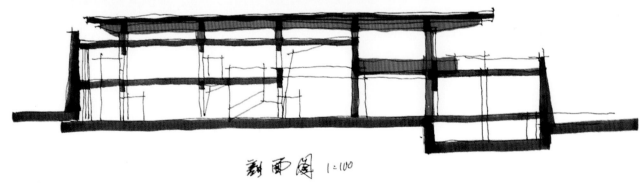

剖面图 1:100

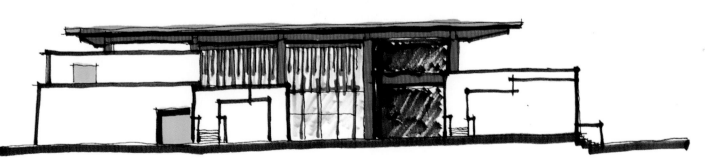

立面图 1:100

设计构思草图　陈可石

陈可石
2012. 9. 7

东久林场商住楼与西区花街

位于鲁朗小镇西区的东久林场五个院落式的商住建筑，一部分房子是返还给林场职工的，被设计成商住型，一层是商业，二层、三层局部用于居住，以后改建成游客接待、旅馆等其他一些功能。首层设置了商业和餐饮等，形成一条商业气氛浓厚的步行街——花街，使得西区成为功能齐全的后勤服务区。

东久林场商住组团五栋建筑的设计，我们参考了大昭寺周围八廓街的商住建筑。八廓街的每一个院落都是不平行的，有一定的错角，它的朝向一定不是统一的。特别值得一提的是八廓街的四合院内部空间围绕院落的布局，包括中庭、四合院天光和外部楼梯的处理。另外还有一些廊道，采用了充满变化的布局。借鉴八廓街的做法，东久林场宿舍组团的外立面和内院立面没有一个是重复的。每一个外立面、每一个内院立面都是富有变化、富有个性的，可读性比较强，甚至每一个窗子都不重复。设计力求做到体现出每一个院落在平面布局、空间布局和立面设计上的多元化。这种丰富性体现了西藏建筑和自然的关系，以及藏族人的审美独特性。

设计构思草图 陈可石

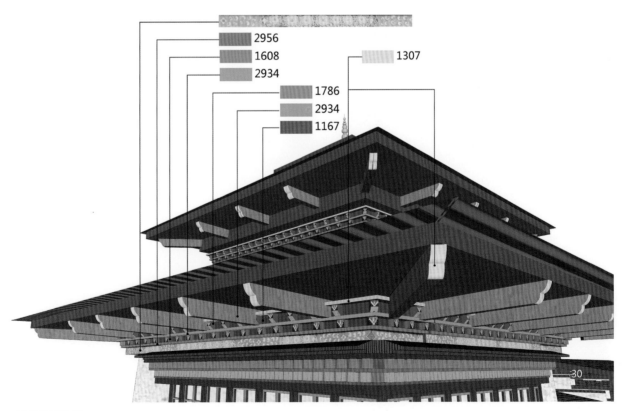

2956

1608

2934

1307

1786

2934

1167

30

西藏传统色彩设计

装饰构件立面色彩设计1

	1978
	2615
	1786
	1167
	4814
	1978
	1786
	1167
	2934
	1786
	1167

装饰构件立面色彩设计2

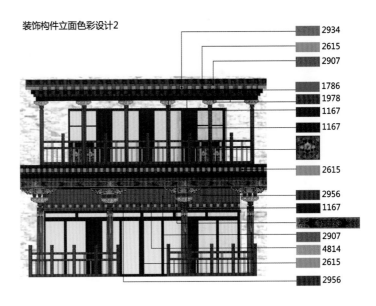

	2934
	2615
	2907
	1786
	1978
	1167
	1167
	2615
	2956
	1167
	2907
	4814
	2615
	2956

西藏传统色彩设计

东久林场商住组团墙体为西藏传统的斜墙，体现出藏式传统建筑结构坚固稳定的特征；每个建筑单体内都有围合而成的庭院空间，内部庭院采用西藏传统语言，色彩明艳的木质内廊充满了藏式传统的地域风情。外侧的平整坚实与内侧的丰富热情形成对比，自然地把商业与居住的环境分隔开来。东久林场商住组团的立面设计采用西藏传统建筑元素与现代建筑风格相结合，临花街面大面积的玻璃窗使得底层商业内部有良好的采光通风与景观渗透，北侧面向雅屹河，自然景观怡人，因此开窗也较多。

西区花街的设计有意地在沿街的部分采用比较多的大木构窗门。这方面借鉴了一些欧洲商业街的模式，因为欧洲的商业街，面对商业街的立面采用很多玻璃、木构和装饰。西区花街也采用了内院木构的处理，使整个商业街更具备商业氛围，在藏式建筑设计上这是一个创新的想法。特别是这种在二三层的立面上采用大片的彩画、装饰、木构、玻璃的形式，这种新的立面形式，为藏式建筑增添了一种新的元素。

鲁朗小镇

鲁朗小学

鲁朗小学位于西区端头，是整个小镇较为独立和安静的区位，总建筑面积约 7400 平方米，整个学校用地（加操场和活动场地及预留发展用地）1.7 万平方米，建筑内部功能包括学生宿舍、食堂、教室、公共卫生间、老师办公室、图书阅览室、多功能厅、美术班、实验班等。室外空间包括篮球场、200 米标准跑道、室外活动场地、内庭院等。

主要建筑包括教学用房；教学辅助用房；行政办公；生活用房（食堂、教职工宿舍、学生宿舍等）；以及公共交通与辅助空间等。小学主体 3 层，局部 4 层。鲁朗小学目前有学生 150人，老师 15 人，7 个班（其中 1 个学前班），项目按 200 个学生、每班 30 人设计。

在鲁朗小学的建筑设计中，设计团队充分借鉴了西藏传统建筑的外部形态与内部空间组织的诸多特点，同时结合现代化学校的切实需要，注入了很多人性化功能设计，充分体现了地域性与原创性的设计思想。鲁朗小学整体建筑设计体现出了藏式传统建筑结构坚固稳定、形式多样的总体特征。鲁朗工布藏族地区民居取材十分原始，主要以石木结构为主，采用石块砌墙和木质梁架相结合的方式建成。设计中，鲁朗小学结合采用了工布藏区的传统材料和做法，例如，小学运动场院落用草筑墙，即用当地的一种荆草晾干平铺进行固定；在屋顶平台等老师与学生的活动场所设置亭子，采用当地的木构架承屋结构系统。

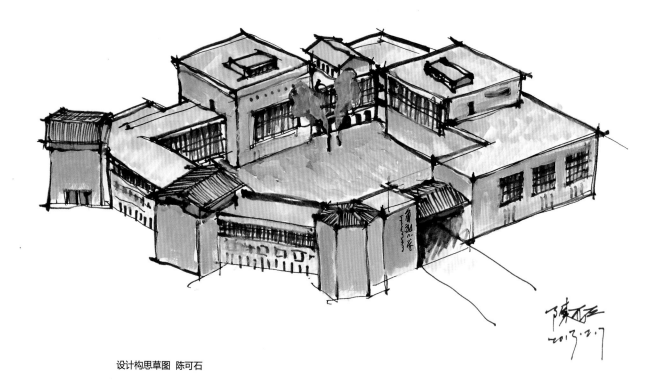

设计构思草图 陈可石

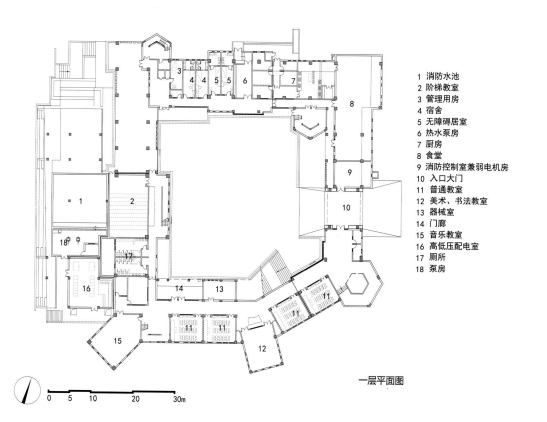

1　消防水池
2　阶梯教室
3　管理用房
4　宿舍
5　无障碍居室
6　热水泵房
7　厨房
8　食堂
9　消防控制室兼弱电机房
10　入口大门
11　普通教室
12　美术、书法教室
13　器械室
14　门廊
15　音乐教室
16　高低压配电室
17　厕所
18　泵房

一层平面图

0　5　10　　20　　　30m

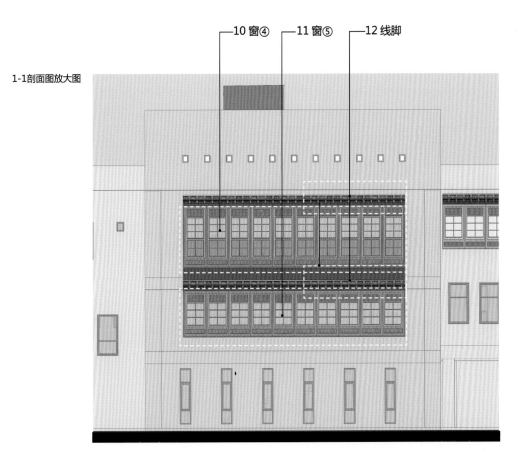

1-1剖面图放大图

立面①放大图

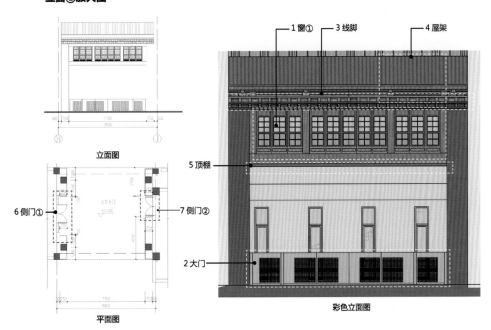

立面图

平面图

彩色立面图

在建筑外观上，也吸收了工布藏族外墙传统工艺特点。工布藏族修建房屋时，石材砌筑的外墙会涂以白色和灰色为主的颜料，再用泥巴抹墙，藏民戴着手套，以纯手工作业抹出自然的手抓仿羊角纹效果，这种纹理象征着吉祥。但是考虑到林芝当地日照非常强烈，白色在日照的情况下太过刺眼，为避免日照反射对学生眼睛产生的不适，设计团队把小学建筑外墙颜色涂成了土黄色；同时，因施工难度，对传统手抓纹的做法做了调整与改进，即在外保温完成后，以白水泥内掺腻子粉和纤维胶的混合材料取代了传统泥巴进行涂抹，用刮刀手工做出深浅不一、不规则的凹凸纹，实现与自然融为一体的效果。

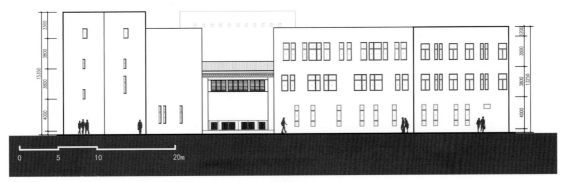

立面图

国际友人参观鲁朗小学

负责鲁朗小镇工程的广东省援藏干部王
瑜主任和黄志明副县长与陈可石教授
在工地

陈可石教授与鲁朗小学校长合影

在内部空间组织形态上，在塑造藏族独特精神空间的同时，也注入了许多现代性的人性化功能。鲁朗小学所有的楼梯间都没有采用普通的折返楼梯，而是用西藏传统建筑中的回字和L形顶部采光楼梯。楼梯间和顶部采光的使用加强了精神空间的艺术感染力。室内设计采用西藏传统建筑中常用的顶光，特别是走廊公共空间的设计上，顶光创造出西藏特有的神秘、圣洁的建筑艺术效果。色彩设计方面，学校首先采用土黄色做建筑的主色调，然后是红色、黑色和白色。土黄色是夯土墙的颜色，是西藏民间最常用的颜色；红色是一种高贵的色彩，门窗多用红色；白色是石材的颜色，也是现代建筑的象征。

考虑到当地气候特征，建筑的外廊局部采用灰空间的设计处理方式。鲁朗当地六、七、八月为雨季，经常持续下雨，为通行便捷、避免下雨天淋雨、阻挡寒气、保温和安全，宿舍、食堂、教学通过连廊连接，整体呈现出围合式院落布局，学校主入口广场朝东，正对花街。学生宿舍每间均设独立洗手间，方便学生在寒冷季节时使用舒适。在学校临雅屹河的南侧，留出了较为宽敞的绿化带，一是能够起到防洪作用；二是可以种植西藏林芝地区植物，成为室外植物实践基地，让学生从小认识大自然。北侧靠道路和山体一侧主要是后勤出入口用地，教师宿舍独立出入口以及厨房卸货口等。西侧台地为活动操场，结合地形和雅屹河，设计为优美的景观运动场，运动场特意结合地形设计，摒弃了传统的圆形加长方形造型，顺应现有的地形和树木河流等。

鲁朗小镇

保利酒店

北区保利酒店位于鲁朗小镇的北侧，为独栋酒店区，主要服务于高端消费人群；西边临318国道，东侧为风景优美的雪山与湖泊，地块狭长。地块分一二两期，一期位于地块南部，北部则为二期。故设计时把主楼与水疗放置于一期地块南边，与小镇中区相邻，使地块与小镇其他区域联系得更紧密。

酒店由主楼、酒店SPA、联排别墅及独栋别墅组成，内集餐饮、接待、温泉SPA和住宿等功能于一体，服务设施高档齐全。酒店主楼是在原传统藏式建筑基础上加以演变，强调私密空间和共享空间。

为了强调建筑和自然景观完美融合，酒店主楼设置在地形较高，视野开阔，有湖景和雪山的壮丽景观视线上。主楼建筑风格简洁大方，立面主要采用石材和木材，石砌墙体收分处理。

为尊重当地的传统，在酒店主楼和 SPA 的墙体用石材砌筑好后在墙体外面刷白浆，其余建筑均为夯土质感的土黄色。门窗、屋顶采用传统木构件的制作方式。客房根据林芝地区村落分布形式与肌理被布置成组团形式，沿湖岸而设，兼顾景观与功能。

加拉白垒雪山处在鲁朗小镇地块东北边，气势雄伟。因此北区有着绝佳的雪山景观。酒店建筑朝向以东北向为主，结合地形呈品字形错位布局，访客可以在酒店中随时方便地欣赏到加拉白垒雪山壮丽的景色。方案在传统布局基础上，结合现状地形，在核心地段布置节点建筑，形成大体量公共空间，次要部位散布小体量私密空间，营造层次丰富，空间灵活的酒店区域。

鲁朗小镇
水上祈福塔

设计构思 陈可石

刘顺江 摄

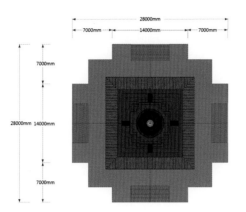

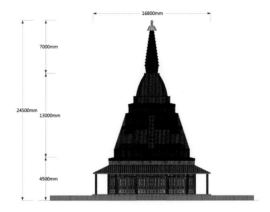

陈可石 绘

甘肃·甘南

（敦煌）国际文博会主场馆

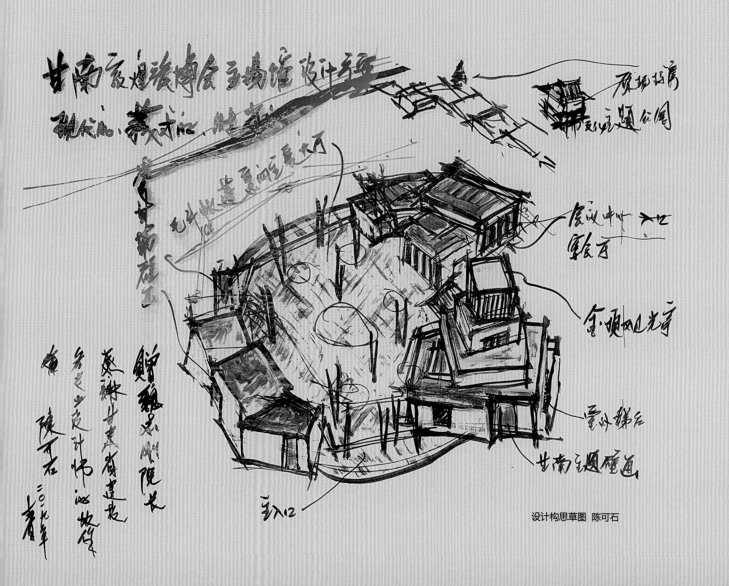

设计构思草图　陈可石

九色甘南，是一处魅力深邃的梵天净土。甘南是中国十个藏族自治州之一，地处青藏高原东北边缘与黄土高原西部过渡地段，是藏、汉文化的交汇带。甘南之美大气慷慨，不仅拥有雪山、湖水、溪流、草原等自然美景，还保存传承着藏族历史传统，还有独特的传统建筑学。

2019 年元月，甘肃省委省政府决定第四届丝绸之路（敦煌）国际文化博览会和第九届敦煌行·丝绸之路国际旅游节（简称"一会一节"）于 2019 年 7 月在甘南举办。我受聘为文博会主场馆建设项目的总设计师，由我设计的主场馆、帐篷城和主席台建筑方案被确定为实施方案。"一会一节"主场馆位于海拔近 3000 米的甘南藏族自治州合作市当周草原景区，主场馆建筑面积约 2.8 万平方米，由 A、B、C、D、E 五个功能建筑组成。主场馆的建设不仅满足"一会一节"的需要，而且在功能上结合未来甘南藏族自治州三馆的需求，为场馆可持续的经营创造条件。"一会一节"之后，主会场可以改做会展中心、演艺中心、民俗博物馆和美术馆，促进游客的参观、游览、消费，由此大幅度地提高甘南藏族自治州的旅游吸引力及国际知名度，成为未来甘南藏族自治州重要的旅游目的地。建筑构件主要采用钢结构，以满足施工工期的要求，以及后期的改扩建需要。历经 100 天后，主场馆于 2019 年 6 月 30 日顺利完工，并交付布展，成为甘肃省体量最大、工期最短的全装配式钢结构公共建筑。

地域性、原创性和艺术性设计原则也充分体现在 2019 年完成的甘南（敦煌）国际文博会主场馆的设计上。

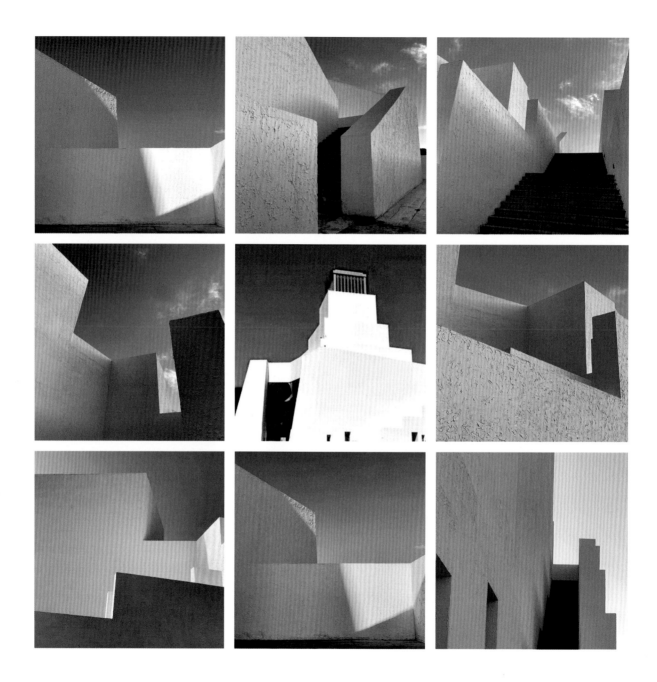

设计构思草图 陈可石

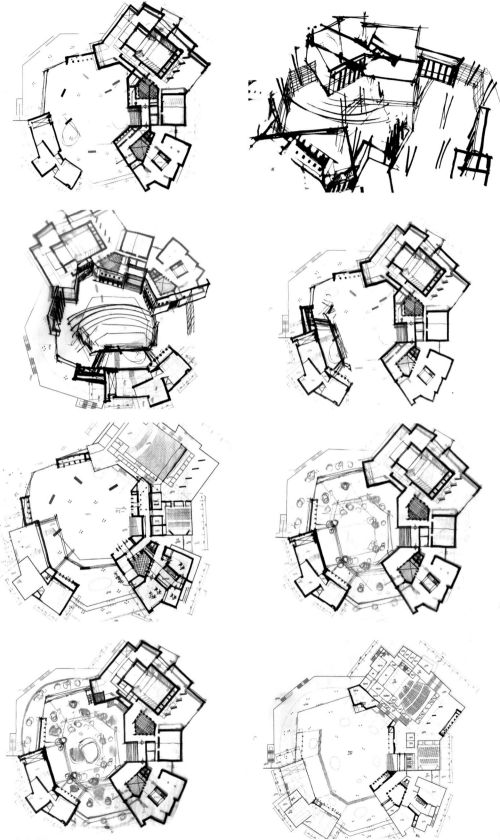

设计构思草图 陈可石

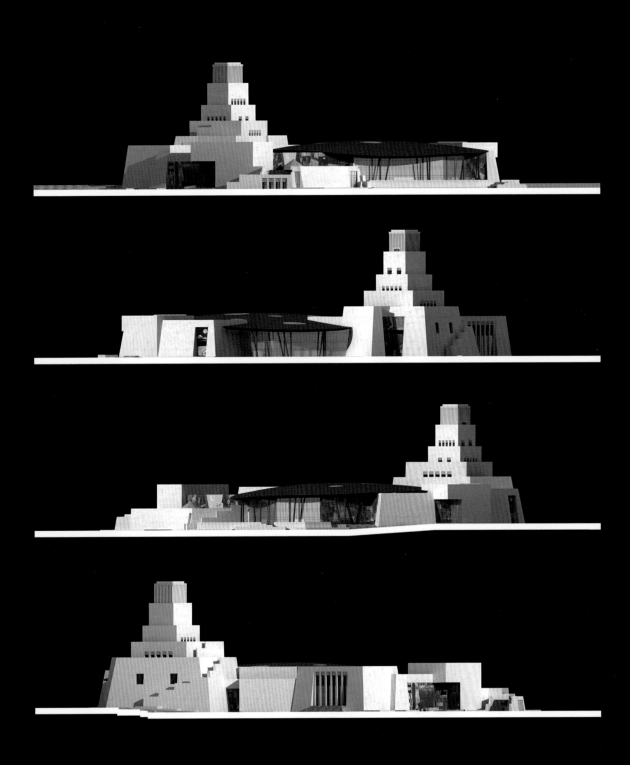

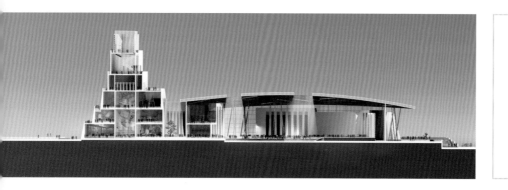

地域性、
原创性与
艺术性的
成功实践

甘南（敦煌）"一会一节"主场馆的构思源于我对甘南藏族自治州自然地理、人文地理以及建筑传统的理解。通过对甘南藏族自治州传统建筑进行多次实地调研，同时通过对甘南藏族历史和人文传统深入研究，使我在一开始构思甘南（敦煌）"一会一节"主场馆设计时就确定了以藏族文化为核心的建筑设计策略。地域性的原则表现在对主场馆选址以及周边环境的理解，甘南（敦煌）"一会一节"主场馆选址在甘南藏族自治州州政府所在合作市的东南方向。这个选址的周边是大草原和典型的自然风光，如何在地域性原则的基础上设计出一个具有原创性的当代藏族风格建筑，并表达藏族传统建筑学的艺术元素是设计思考的一个出发点。

设计构思首先考虑如何表达地域性，地域性是指自然地理和人文地理元素在建筑设计中的表达。建筑的自然地理造就的条件决定了这个建筑应该对自然地理做出呼应。所以在建筑设计的策略上必须对自然地理元素进行诠释。主场馆的自然地理因素就是要体现出周边草原、自然的群山环抱以及远处起伏的山峦。人文地理方面，通过对甘南藏族自治州藏族民居院落建筑的研究，以及之前对藏区建筑学十几年时间的研究，我概括出关于藏式建筑空间布局和形态特征并在主场馆设计中作出回应。我认为，设计需要体现甘南藏族自治州的建筑传统和人文精神，建筑生于甘南，属于甘南，才是有生命的设计。甘南藏族牧民最重要的居所——牦牛帐篷，激发了我的创作构思。

设计伊始，根据会展建筑所具备的功能特性将建筑分为七个组团，也就是七个功能分区，七个组团实际上是相对独立的七个建筑单体。这七个单体根据甘南藏族建筑学的传统在平面布局上组成相对独立的组合。这种组合必须与周边的自然环境相呼应，也就是说每一个单体对于它所针对的自然山水空间格局形成一种呼应和对话的关系。这就形成了现有的平面布局，南边的三个单体对应南边的自然景观，以及北边的四个单体对应北边的自然景观，而七个单体中间所组成的8000平方米的大展厅空间是自然围合的典型藏族建筑外部空间形态。这个展厅的设计灵感源于正是甘南的传统牦牛帐篷，牦牛帐篷是在甘南和其他藏区（也包括四川甘孜）常见的一种藏族传统建筑形态，以倾斜的木杆支撑和牦牛毛编织而成的毛毯所形成。主场馆大展厅建筑设计以牦牛帐篷作为重要参考，而抽象的表达采用现代材料和现代结构才能够创造出现代建筑所具备的新颖造型和艺术魅力。主场馆的建筑设计正是强调了地域性原则，所以才体现出与众不同的建筑形态。

在传统建筑的现代诠释方面考虑是将白色的倾斜墙面作为藏族传统建筑重要的表达特征。高低错落的倾斜墙面体现出一种坚实刚毅的藏族石木建筑的风采，正如藏区的众多著名建筑，倾斜的石墙是重要的藏族传统建筑语言。然后是壁画的运用，最初的构想是表现敦煌"一会一节"展现的文化意义，所以想到了敦煌壁画在建筑上的运用。藏区大部分建筑都采用壁画作为传统艺术重要的表达方式。最初的设计方案将敦煌壁画运用于建筑的外立面装饰，但之后发现敦煌壁画其内容、形式以及色彩都不适合表达出现代时尚的甘南藏族建筑的特征，因此最后决定采用现代风格的藏族壁画。

整个建筑设计从建筑空间构成和建筑总体形态方面都对自然地理所形成的景观格局进行了充分的考虑。这涉及藏族传统建筑中对于景观的处理。方案设计时，着重考虑两方面，一是注重景观与自然地理的对话，二是使建筑成为当地景观的一个部分，成为地域性元素。

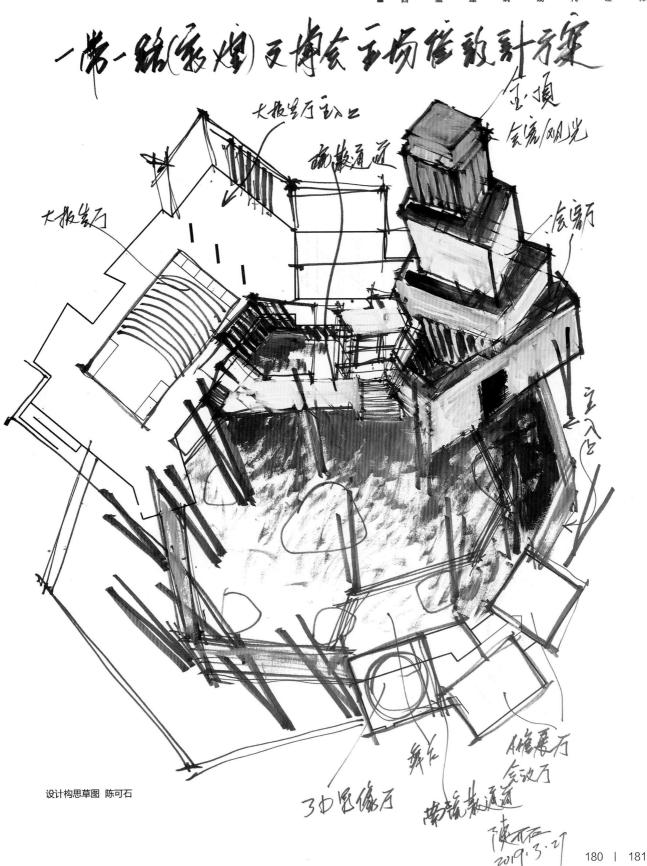

一带一路（敦煌）文博会主场馆设计方案

金顶
金瓷/观光
会客厅
大报告厅主入口
疏散通道
大报告厅
主入口
A馆展厅
会议厅
舞台
3D影像厅
疏散通道

陈可石
2019.3.27

设计构思草图 陈可石

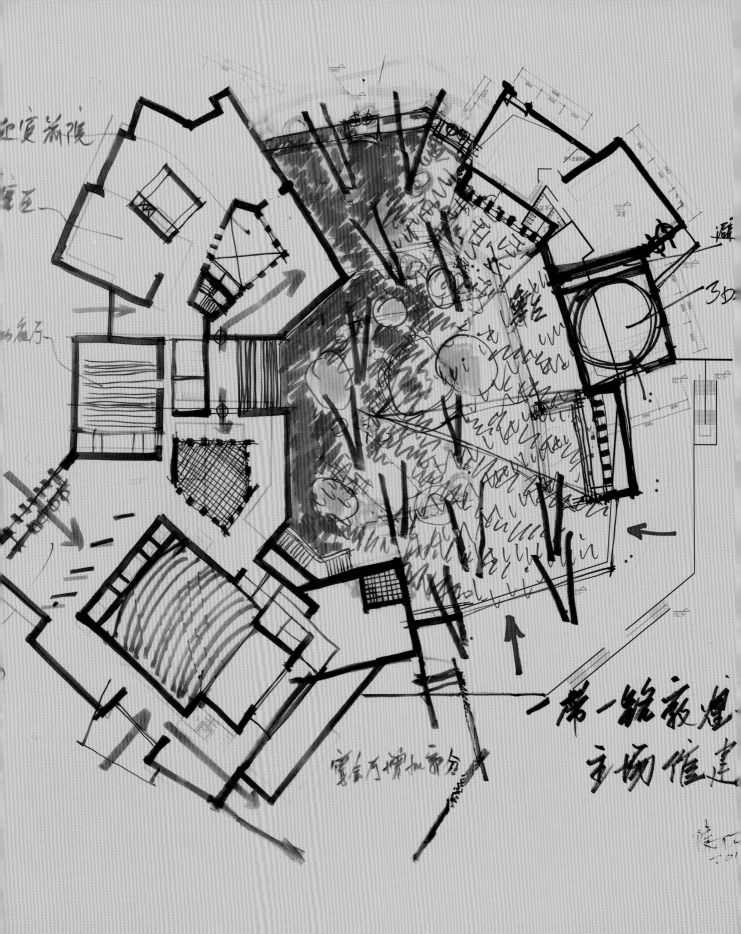

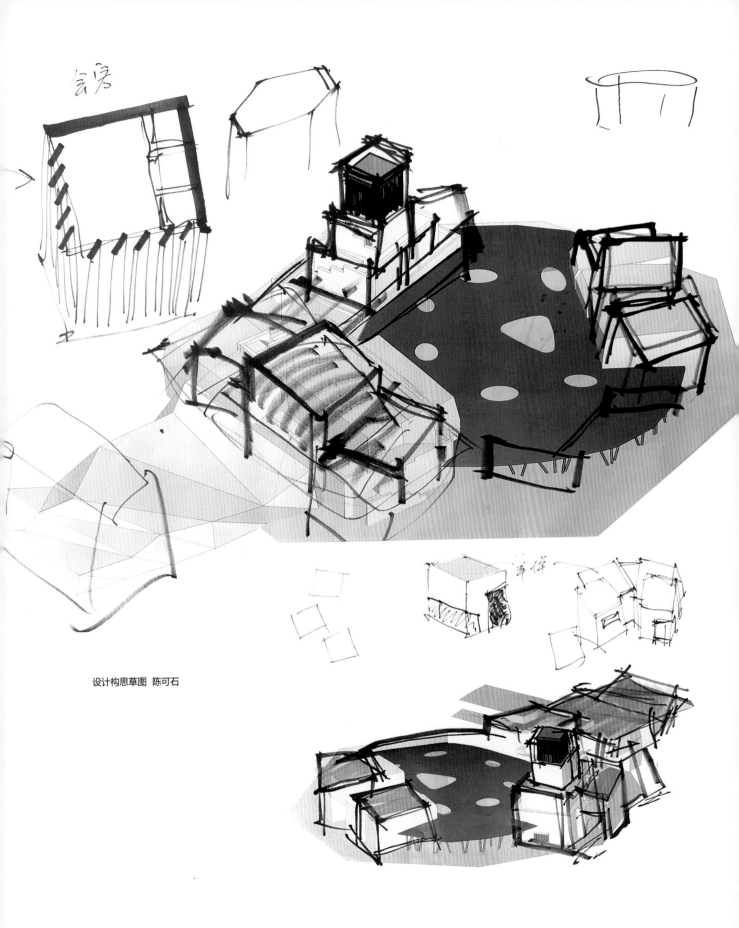

设计构思草图 陈可石

强调了建筑的地域性是产生了建筑原创性设计的一个基础。对地域性的考虑催生了建筑的原创性特征，而对于自然地理和人文地理的思考催生了艺术性的建筑设计。艺术性正是源于地域性的思考和原创性设计的价值。艺术性是作为建筑师对建筑最高的设计追求。藏族传统建筑所形成的伟大艺术传统，为我和设计团队在藏族地区进行当代建筑设计提供了非常好的土壤和营养。正是由于有这样的基础，今天的甘南才出现了具有当代藏族艺术特征的时代建筑。

"一节一会"主场馆的室内设计非常强调藏族建筑艺术的现代表达，也就是传统建筑的现代诠释。主场馆大展厅的灵感源于藏族牦牛帐篷的设计理念，而大展厅天棚的处理图案源于我在藏区收集到的一幅传统的牦牛毛编织挂毯，这个图案是理解藏族图案和色彩的一个很好的案例。首先这个挂毯的色彩非常具备现代感，其次图案也符合当代审美的要求。当然我也曾想象过如果在大展厅的天棚处理采用非常传统的图案会产生什么样的一种效果，也许效果很好，但是对我来说很难接受完全传统图案的设计理念。虽然很多人在看到这个设计方案时，对这个设计是否代表西藏都有争议，认为太现代或者不具备西藏传统图案的特征。但我却认为这种争议非常有意义，我当时引用了齐白石老先生评论中国当代绘画艺术的一句名言，就是"是与不是之间"。我认为"是与不是之间"是一个非常重要的艺术设计原则，如果设计了"是"就意味着一味地模仿传统图案和设计，如果说"不是"有可能就割裂了传统的连续性，所以"是与不是之间"恰恰是现代艺术所追求的重要设计目标。

在"一节一会"主场馆其他室内建筑设计的策略上，我也强调了把"是与不是之间"作为设计的重要原则，当然这个原则必须体现出地域性、原创性和艺术性。所以在小展厅的室内设计上面采用了现代风格的室内设计，在此基础

陈可石 绘

上再融入了藏族的色彩和图案。在会议中心和宴会厅以及接待大厅室内设计的构思方面着重强调出"现代的、时尚的和西藏的"三个重要的设计意向。"现代的"是最基础的理念，因为不可能在"一会一节"主场馆这种具有现代功能的建筑中运用传统的西藏室内设计原则。更重要的是建筑不单需要是"现代的"还要是"时尚的"，"时尚的"就是超越传统的设计，这也在强调原创性和艺术性方面的重要意义，因为只有"时尚的"才能够体现出最前沿的设计理念。所以在会议中心的设计上，更多的是采用时尚的色彩来表达出会议中心的现代功能，给人产生一种符合时代的审美观感。在大宴会厅的设计方面，空间形态上采用了多边形的做法。大宴会厅可能成为未来庆典和大型宴会的场所，在空间布局上面采用了一种向心的马蹄形空间围合式的处理手法。正如西藏传统建筑采用"天光"的做法，"天光"是屋顶采光的一种处理手法，使自然光通过中央的天顶照射到室内。大宴会厅内部的柱子采用了比较传统的藏式做法，体现出藏族传统的建筑设计元素。

室外壁画的设计是主场馆设计里非常重要的组成部分。为了表达出主场馆鲜明的艺术特征，设计方案选择 13 幅壁画设置于建筑的不同方位。由于这些壁画总面积超过了 1600 平方米，所以在整个建筑的外立面上产生了极其重要的艺术效果。

13 幅壁画主要由三个题材组成，总的主题是九色甘南，采用了甘南藏族自治区对甘南文化的一个描述，这些壁画也展示了我对甘南传统文化最典型的印象。

第一个主要的题材是表达甘南藏族服饰的艺术。甘南藏族传统的服饰据说有 1000 多种。如果回顾甘南藏族自治州的历史，就会发现甘南从唐朝到清朝都正好处在藏族和汉族文化交会的重要区域，也是民族文化融合的重要地段之一。由此展现出的形态多元、艺术性极强的民族服饰以及图案，给我在创作壁画时带来了非常多的启示。我认为，很多甘南藏族的服饰保留了唐宋时期中原服饰的特征，因为这些服饰的特征在中国古代以及敦煌壁画中都能找到其中的原型。还有一些是甘南藏族独特的服饰文化特征。

陈可石教授为主场馆创作壁画并由彩瓷工艺大师杨英才在佛山烧制完成

第二个主要的题材是佛教文化所产生的一些室内设计意向，包括经幡、唐卡以及宗教建筑和民居室内设计方面的一些独特的艺术表现形式。由于这部分的壁画处于西北朝向所以更多地采用了暖色调，这种暖色调当中以红色为主，即西藏红。西藏红当中包括了朱赤、赭红等色彩，与一些对比的冷色调相互掺杂，使这组壁画从人文地理特征上表达了鲜明的甘南建筑学特征。

第三个重要的题材是甘南的大草原和游牧文化。甘南的大草原和牛羊在藏族文化当中是不可缺少的重要部分，甘南的草原不同于内蒙古和四川甘孜阿坝的草原，是在山地上所形成的大草原，所以在绘画方面形成了一种独特的对于山体和草地形态的描述以及牛羊的表达。这方面我希望是一种更写意的抽象表达方式，再加上由于壁画形成是经过手工上釉再将绘画草稿放大200倍的一种工艺，所以更强调抽象的、写意的表达方式，这种表达方式也符合现代建筑总体上的审美，也就是说壁画虽然是一种手工的更具象的表达方式，但是这种具象要更接近于抽象表达，这样才能够和整个建筑产生一种一致的审美倾向。

主场馆的设计是我对西藏传统建筑的又一次成功的现代诠释，也是他坚持的地域性、原创性与艺术性三原则的再度实践。这一创新性设计既是对甘南自然与历史的尊重，也是建筑自身价值的体现，也使主场馆成为当今甘南文化创造力的标志、创新精神的象征。

陈可石教授为甘南（敦煌）国际文博会主场馆创作的13幅装饰壁画

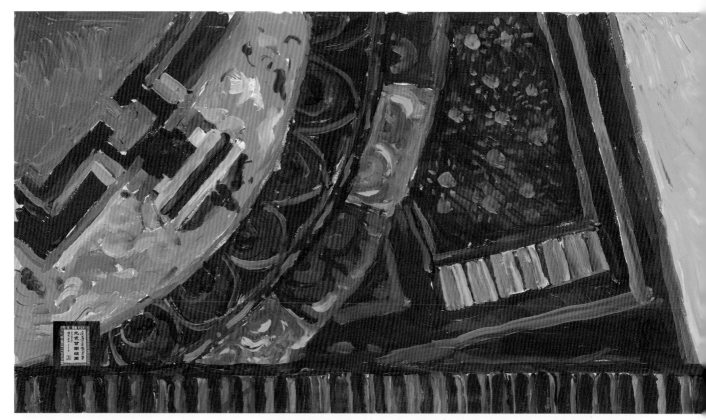

陈可石教授为甘南（敦煌）国际文博会主场馆创作的13幅装饰壁画

甘肃·甘南

（敦煌）国际文博会帐篷城

帐篷城是为配合"一会一节"举行，于活动主场地及篝火晚会场地区域，设置以组装式房屋为单元，顶上盖以帐篷的组团，提供相应的配套服务设施：旅游介绍、文博宣传、餐饮宴会、土特产展销、纪念商品出售等。这些组装房屋于文博会结束后，改造为汽车旅馆，为前来甘南藏族自治州自驾游的旅客提供住宿设施。在国道旁为文博会设置大型地面停车场，服务站，方便往来的驾车人员及乘客。

我和设计团队经过对甘南当地文化的深入研究，提出帐篷城首先应该是甘南的、现代的和时尚的，并由此确立帐篷城的设计构思主旨为：草原文化与现代建筑相结合，展现甘南自然地理、人文地理魅力。

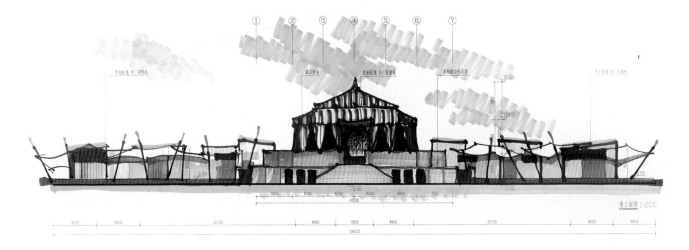

設計構思草圖 陳可石

帐篷城定位为藏族文化的展示与传播中心，设计团队在设计中注重对西藏传统建筑学予以现代诠释，体现出当地的藏式艺术特有的厚重与华丽气质，体现地域特征、甘南特色，使之成为民俗文化融合景观建设的生态工程。

主体建筑主帐篷宴会餐厅遵循地域性、原创性和艺术性的设计理念，以预制帐篷为主体，采用混凝土与钢的混合结构，同时在建筑材料的使用上多采用当地材料，经济实用，并体现藏式特色。平面功能设计上，主帐篷宴会餐厅采用了简单明了的空间布局，以方便灵活使用。主帐篷宴会餐厅位于建筑的最顶层，是整个地块内的视觉焦点；配合藏式传统色调，凸显大气、简洁、明朗、高雅的特点。

餐饮单元的设计是主帐篷宴会餐厅设计理念及精髓的延续，两者在建筑意向、形体、功能及空间形式上相互呼应，相辅相成。餐饮单元采用几何形体环绕主帐篷宴会餐厅布置，并在建筑风格和材料的选择上参考主帐篷宴会餐厅设计，采用木材、藏式涂料等当地材料。总平面布局结合场地现状与当地藏族传统民居院落布局形式，采取多朝向、多方位的手法布置，呈现出多样化的景观资源。

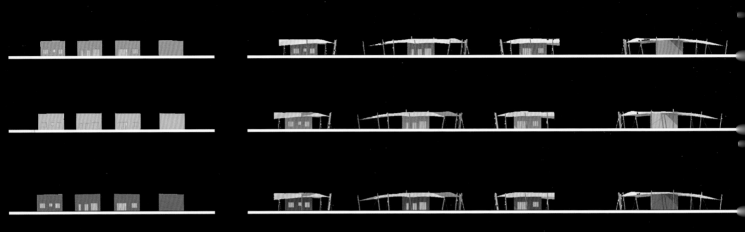

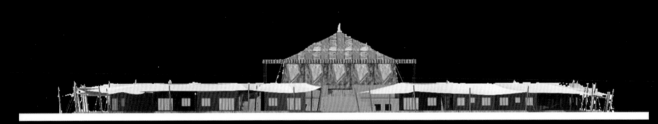

小帐篷东立面图

小帐篷南立面图

大帐篷南立面图

帐篷城位于甘南藏族自治州合作市的甘南（敦煌）国际文博会主场馆东侧，规划总用地面积为 24182.15 平方米，主帐篷宴会餐厅建筑面积为 2153 平方米，建筑通过连接基地西侧的景区道路与外界联系。帐篷城整体布局呈簇拥对称式，即四个组团的小帐篷以相互簇拥、对称的形式，围合中心的核心建筑——大帐篷宴会餐厅，形成一主四次的布局模式。

甘肃 · 甘南

（敦煌）国际文博会主席台

构思特点：考虑地域环境，不失现代风韵

位于当周草原风景区内南侧的主席台也是为配合文博会举行，并作为当地每年在此举办赛马表演、歌舞等重大节庆活动时的核心建筑物而设计。主席台居高临下，视野开阔，是纵览整个当周大草原优美风光的最佳位置。其基本功能包括了露天看台、主席台、公共厕所、储藏间、化妆室等。

我和设计团队在主席台建筑形态的设计过程中反复考虑了甘南藏族的地域文化特点及建筑周边场地环境，力求主席台的整体造型既体现出藏式传统建筑结构坚固稳定、形式多样的总体特征，而又不失现代风韵。六根硕大的藏式瓜棱柱支撑起端庄大气的弧线型屋顶。墙面采用收分墙体，下宽上窄，厚重粗犷，使主席台表现出独特的藏区地域特征，成为具有甘南特色的片区文化地标。设计过程历经数个阶段，反复斟酌推敲其造型，最终定稿。

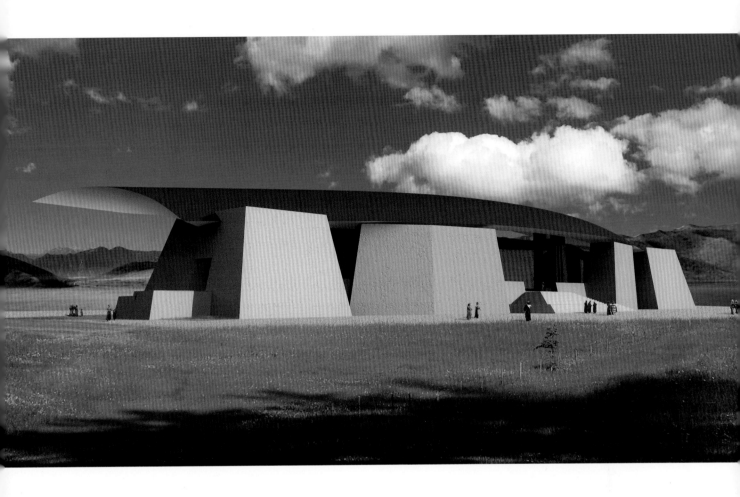

主席台提供台阶式的看台，看台下部设置公共设施，方便游客及与会群众，看台顶上设置帐篷，提供一定的挡雨遮阳效果。节会期间，主席台功能区划分为音响区、佛乐区、转播区、走马道、背景墙、LED 屏幕等。

主席台规划总用地面积为 9205.84 平方米，总建筑面积为 6212.59 平方米，现状道路呈 U 形围绕在主席台南侧，主席台主入口位于南侧，贵宾入口在其西侧，方便与现状道路联系。主席台整体为一字形布局，由于基地地势南高北低，主席台刚好位于地势较高的南侧，其弧形屋面向北侧略有弯曲，对北侧表演区域呈迎合态势，观赏效果极佳。主体建筑为地上 1 层，局部 2 层，建筑总高为 21.3 米。

西藏·拉萨
工业博物馆

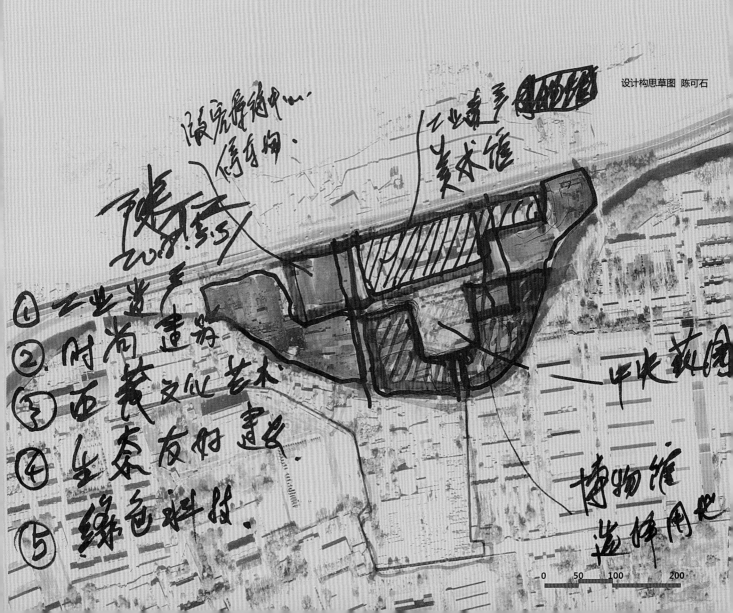

设计构思草图 陈可石

① 工业遗产 建筑
② 时尚 建筑
西藏 文化艺术
③ 生态友好 建筑
④
⑤ 绿色科技

工业遗产 美术馆

平水范围

博物馆 造体用地

0   50   100   200

西藏工业博物馆的创建，其目的就是挖掘和整理能够充分体现西藏工业企业从无到有、从小到大、从弱到强发展历史的相关历史资料，征集和展示反映工业企业在新西藏各个历史时期辉煌业绩的展品。项目位于西藏拉萨文化创意产业集聚区内。

我和设计团队在继承传统西藏建筑学的基础上，结合文博场馆当代发展现状对西藏工业博物馆的设计予以现代诠释。

工业博物馆主体利用工厂旧仓库改建而成，使新旧建筑物相互融合，相得益彰，部分保留了西藏工业建筑的原真性、历史感。水泥厂原来

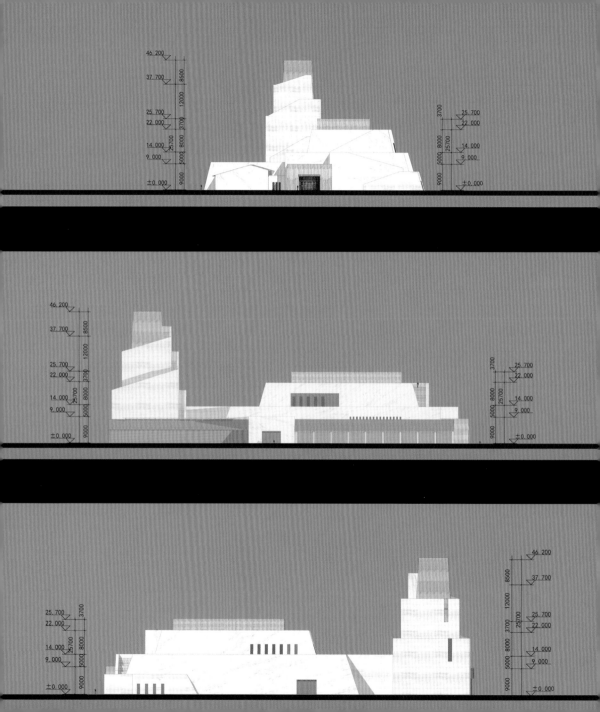

的两座仓库是整个厂区重要的组成部分，现状结构保存完好，钢架无损，设计保留此两栋建筑并将面积较大的北库房改造成展厅，南仓库改造成藏品库区，极大地利用原有建筑，节约了项目的建设成本。

传统藏式建筑的墙体采用下宽上窄收分的形式，塑造稳定坚固向上的建筑形象，方案设计继承了这一做法。方案按照西藏建筑学的传统设计方法，注重公共空间的营造，包括室外的连续台阶，室内的大小不一的中庭空间，注重垂直交通的设置。

西藏工业博物馆建筑主体以白色为主色调，土黄色为辅色，同时以金色及红色作为点缀。西藏传统建筑分五色：白、红、金、土黄和黑。其中白色和土黄色是藏式建筑最常见的颜色，而西藏的建筑艺术元素中最引人注目的是金色，布达拉宫和大昭寺的金顶、金饰创造了独特的艺术效果，以金色作为点缀起到画龙点睛的效果，金属色也是对工业建筑的一种呼应。

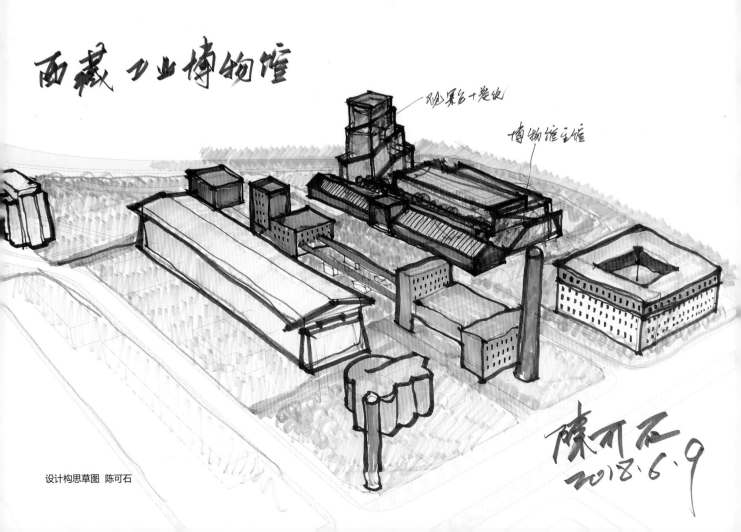

设计构思草图 陈可石

四川·甘孜

河坡民族手工艺小镇

设计构思草图 陈可石

2017年，我和设计团队完成了四川甘孜藏族自治州河坡民族手工艺小镇的规划设计。河坡民族手工艺小镇位于四川省甘孜州白玉县河坡乡，相传曾为格萨尔王的兵工厂所在地。河坡的藏民族手工艺产品工艺精致，已有1300年历史，是当地铁艺、金银铜器等金属手工艺文化遗产的传承地。"河坡造"产品远销印度、尼泊尔等国家，是别具一格的民族艺术瑰宝和国家级非物质文化遗产，其中，更以"白玉藏刀"闻名中外。坐落在河坡境内的嘎拖寺已有800多年历史，是藏传佛教宁玛派的六大寺院之一。

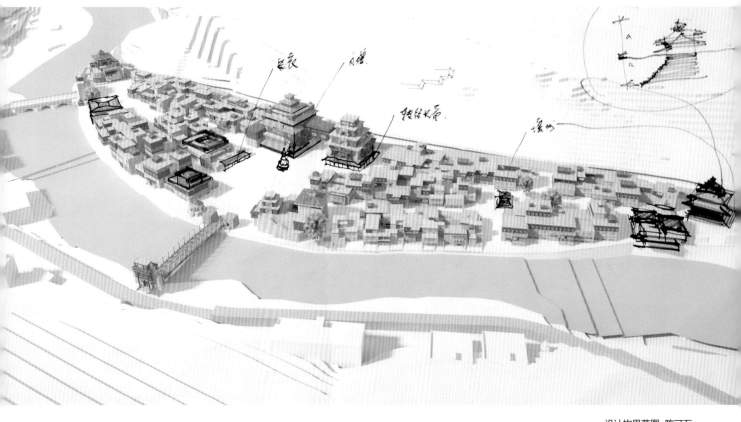

设计构思草图 陈可石

方案设计注重对当地特色文化、藏区传统建筑的传承，并结合当代发展现状予以现代诠释。我们以白玉手工艺文化产业为重点，从历史传统、生态环境、区位条件、人文风貌等几方面出发，对河坡民族手工艺小镇进行了系统的设计和完善的规划。规划方案以打造白玉文化休闲旅游地为发展内涵，深入挖掘以河坡民族手工艺为主代表的特色文化，依托周边资源打造文化体验、手工传艺和休闲度假旅游三大产品内容，拓展文化产业链，增加旅游经济支撑，使片区成为文化体验、商业休闲、旅游度假三驱动的"白玉艺术汇聚地／旅游精华篇"。

秉承城市人文主义的设计理念，方案提倡保护当地特有的自然环境，保留当地民居宜人的形态与尺度，深入挖掘当地的历史文脉，打造有藏区地域特色的、别具一格的旅游体验。规划方案以白玉县中心为依托，偶曲河两岸为发展重点，打造由藏药养生度假区、民族特色餐饮区、民族手工艺集聚区三大特色分区。

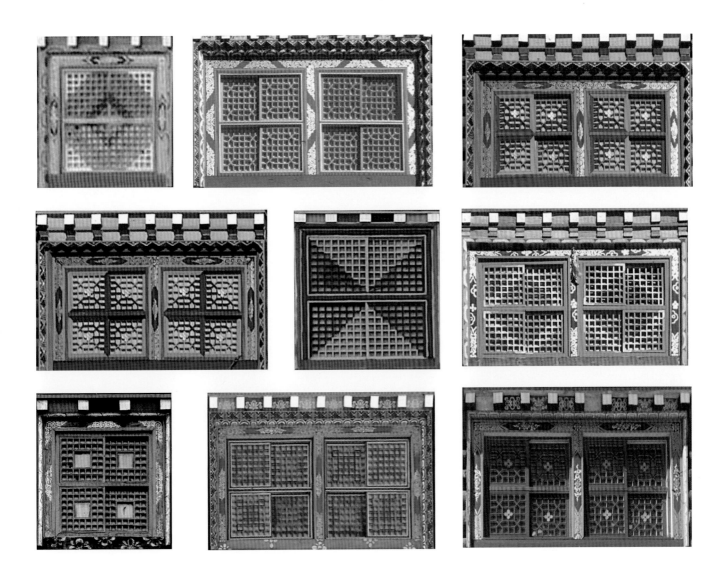

景观配置以高原常见的开花乔木梨树、桃树、火棘等为主景，高山杜鹃、格桑花、鼠尾草、驴蹄草等开花草本植物及灌木为配景。在此基础上，规划方案以偶曲河两岸自然风光为纽带，形成了连续通达、高低错落、疏密有致的建筑、景观空间形态，将河坡民族手工艺小镇打造成街道尺度宜人、环境优美、业态丰富、可持续发展的藏族特色文化旅游目的地。

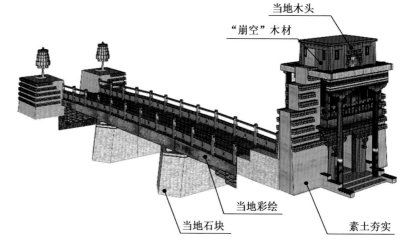

当地木头

"崩空"木材

当地彩绘

当地石块

素土夯实

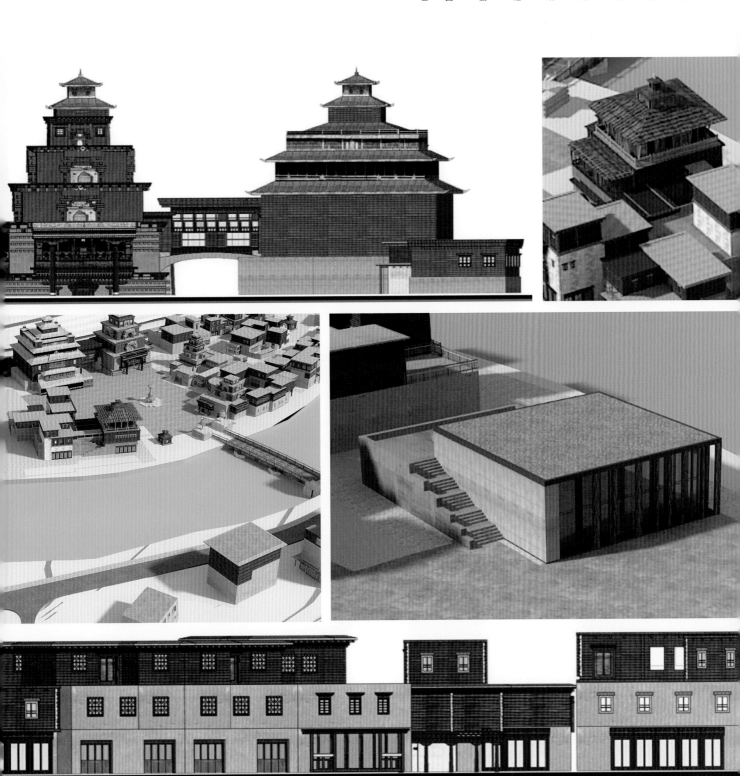

西藏·拉萨
西藏大剧院

抽象表达

设计构思草图　陈可石

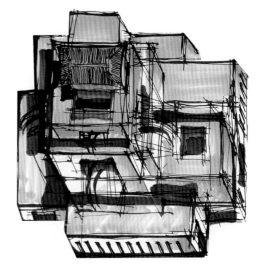

金色乐坛——西藏大剧院位于拉萨城区西面拉萨市金珠西路，毗邻罗布林卡，距东北面的布达拉宫约 2.7 公里，距大昭寺约 4 公里，是拉萨第一座省级标准大剧院，代表了拉萨新的城市文化，是西藏当代文化和艺术的物质展现，也是日常生活与世界旅游的交汇点。未来将良好地融入拉萨固有的文化体系，与布达拉宫、大昭寺、罗布林卡等原有精神核心空间紧密相连，并通过对拉萨这片土地的深刻认知与独具匠心的设计方法，巧妙串联西藏的文化故事，成为拉萨新的精神核心与西藏当代文化艺术新地标。

项目总用地面积 6.9 万平方米，总建筑面积 4.9 万平方米，其中主体建筑综合艺术中心（西藏大剧院）面积 3.4463 万平方米，配套建筑艺术酒店建筑面积 8500 平方米。

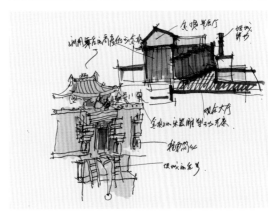

设计构思草图 陈可石

我和设计团队通过对西藏自然地理和人文地理的深入研究，结合西藏传统建筑学，将"金色乐坛"确立为西藏大剧院项目的核心品牌。"金"是最高贵的西藏建筑材质，是最典型的西藏建筑艺术元素，也是最时尚的西藏现代审美；"乐坛"代表最欢乐的西藏歌舞，代表最神秘的西藏戏剧，也代表最迷人的西藏坛城。"金色乐坛"将成为当代西藏最大的艺术中心、最新的拉萨城市客厅和最重要的现代城市新名片。

金色乐坛是对传统坛城的现代诠释

金色乐坛的构思灵感源于西藏文化中"坛城"的意向。在西藏上千年的传统宇宙观里，"坛城"是世界的中心，是香巴拉，是欢乐的天地，而在金色乐坛中金顶是"坛城"的核心。方案巧妙地利用不同功能的建筑空间，根据"坛城"的意向构筑了一座现代西藏艺术乐土——金色乐坛，是对传统坛城的现代诠释。

大剧场和酒店设计的首要原则是建筑的实用性、经济性和功能合理性。大剧院作为整个建筑的主体部分，布置在建筑中央。建筑设计在合理布局舞台、观演等主要空间的基础上梳理了后台、服务等辅助功能空间的位置，形成了功能合理、实用的大剧院建筑。

金色大堂位于建筑东侧，是观众的主入口，承担综合接待的功能。内凹的藏式传统大门和两侧收分墙形成独特的入口空间。大堂内采用围合式布局，正对主入口的是问讯处，背后设计了一幅充满藏式风情的画卷，两侧墙面采用金色带有藏文的金属板。

金顶餐厅（宴会厅）位于建筑最顶层，是整个地块内的视觉焦点。金顶餐厅代表了拉萨传统艺术的现代复兴，是西藏城市的新名片。金顶餐厅（宴会厅）的位置可以遥望布达拉宫、大昭寺、罗布林卡和拉萨河，凸显其优越的地理环境和卓越的景观视线。

西藏传统建筑学最大的特点在于强烈的地域性。蓝天、白云、旷野和雪山，这些西藏独特的自然条件和风土民俗创造了独特的西藏传统建筑语言，流露出对自然的尊重和对历史的传承。

地域性首先是西藏建筑语言的现代表达。金色乐坛如同从西藏的土地上生长出来一样，带着本土的气息，是独特并有根可寻的。这种独特性正是金色乐坛建筑能够为城市创造出最大艺术价值的原因。

地域性还表现在地方材料和传统色彩的运用，其中包括金箔、夯土、石材、木雕以及最具代表性的西藏传统建筑五色——金、红、白、黑和土黄。金色乐坛设计体现出西藏自然地理的特征，采用自然通风是室内设计的重点之一；作为交往休闲空间的室外长廊，采用灰空间的处理方式，反映出设计对当地气候特征的考虑。

整体建筑设计体现出藏式传统建筑结构坚固稳定、形式多样的总体特征。建筑采用收分墙体，下宽上窄，降低建筑重心；适当增加墙体厚度，维护建筑的稳定性，更使大剧院整体表现出独特的地域特征。

现代建筑，特别是剧院建筑的原创性是最为重要的。金色乐坛将成为全世界独一无二的建筑艺术杰作，因为原创是其最首要的设计理念。坛城代表了西藏传统建筑学的设计理念。在西藏传统中，"坛城"是宗教理想国，而金色乐坛将成为西藏当代艺术的理想国。

艺术性是剧院建筑最大的追求。剧院建筑本身就是一件伟大的艺术品，而精神空间的艺术感染力正是西藏建筑的魅力所在。金色乐坛突出表现了西藏传统建筑四大艺术元素：

光　西藏艺术元素中最大的亮点是光和影，金色乐坛利用光塑造了建筑形体、表达出建筑的宏伟之美；室内设计采用西藏传统建筑中常用的顶光，顶光创造出西藏特有的神秘、圣洁的建筑艺术效果。金色大堂的天顶四边开条形天窗，阳光透过天窗洒在黑色的反光地板上，反射到建筑内其他地方；天顶中央是经过现代演绎的白色经幡，整个大堂内明暗黑白的对比，提升了空间的神秘感和丰富度。

色　西藏的建筑艺术元素中最引人注目的是金色，布达拉宫和大昭寺的金顶、金像和金饰创造了"金碧辉煌"的艺术效果。金色有"珍贵""富足"和"第一"的意向，金箔也是西藏建筑中最高级别的建筑材料。金色乐坛首先采用金色作为建筑的主色调，然后是土黄色、红色、黑色和白色。土黄色是夯土墙的颜色，是西藏民间最常用的颜色；红色是一种高贵的色彩，金色乐坛的室内设计就采用了红和黑的主色调；白色是石材的颜色，也是现代建筑的象征，建筑基座采用白灰色大理石，表达出金色乐坛最现代的建筑气质。

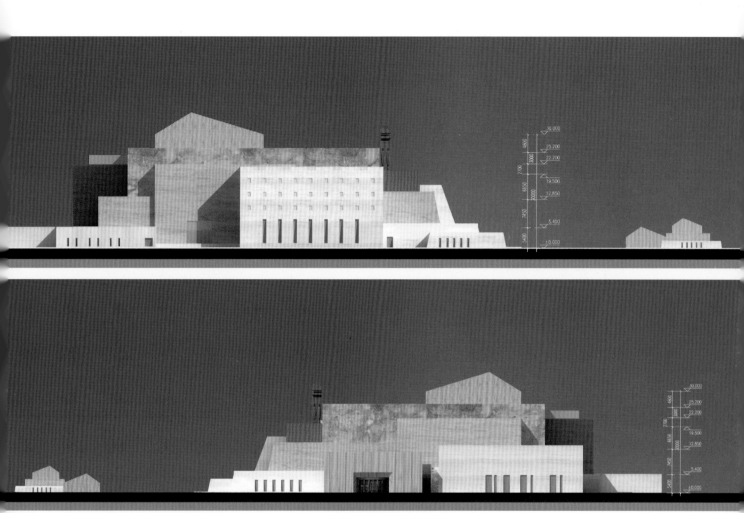

空间 空间是西藏建筑艺术的载体，也是西藏传统建筑艺术最神秘深奥的部分。在光和色的作用下，西藏传统建筑艺术空间表现出宏伟、崇高和神秘的艺术效果。金色乐坛以现代的建筑空间，结合光与材料共同创造出现代西藏建筑空间的艺术魅力。特别是在室内空间的设计上，对金顶宴会厅、大剧场、艺术长廊、小剧场、金色大堂的空间处理均突出表达了西藏现代空间设计的艺术性。

图腾 西藏的装饰运用了丰富的图腾，特别是在室内装饰、门、窗、柱上，图腾随处可见。金色乐坛的设计方案特别考虑到现代感，因此并未强调传统建筑图腾的运用，而是用一座"坛城牌坊"作为西藏"坛城"图腾的抽象表达，使其作为连接传统与现代的桥梁，成为大剧场建筑的标志。

金顶突显崇高地位

金顶是西藏传统建筑的最高形制，也是西藏当代建筑艺术最崇高的象征。拉萨市内布达拉宫、大昭寺以及罗布林卡内的建筑均使用金顶以凸显其在城市中的崇高地位。金色乐坛的金顶是西藏当代新建筑最崇高的象征。

金色乐坛金顶部分采用金箔、黄铜、金属板和仿金面砖等建筑材料。金顶由两部分组成，一部分是金顶餐厅和宴会厅，有专门的直达电梯，是未来当地市民、游客宴请最尊贵客人的场所。另一部分是大剧场上空的观光平台——"坛城牌坊"。大剧院墙面的金箔上刻有藏文和汉文的藏族长诗和歌曲。傍晚在金顶平台上远眺布达拉宫和拉萨河，将成为拉萨旅游的一个重要节庆活动。

金色乐坛艺术酒店为世界各地的表演艺术家提供住宿。艺术酒店的设计延续大剧场设计理念，沿用"坛城"意向，采用几何形体环绕中庭的方式布局，并在建筑风格和材料的选择上参考了大剧院的设计，与大剧院共同组成金色乐坛的建筑群和城市广场。

设计方案注重关心自然环境，节约资源，根据使用功能的需要选用最经济的结构形式，以降低成本。金色乐坛的建筑采用最简单的钢和混凝土的混合结构，便于预制和现场安装，以便缩短施工时间。

外部景观设计整体延续"坛城"的概念意象，并将其进行抽象化表达。结合功能，形成城市广场和露天剧场两大主要景观功能区，动静结合，尺度相应。同时注重从西藏传统艺术中提取景观元素进行现代演绎，如在植物造景上多用水平、垂直线条并结合树阵布置，铺装上均采用从传统藏服中提取的条形肌理为景观元素，呈现出风格协调、功能各异的景观特色。同时利用水系联结各建筑单体形成灵动诗意的景观效果，并设计从坛城中提取圆环元素对场地内的景观元素进行串联以形成视觉整体，以求在满足场所的休闲聚会功能和游憩观光需要的同时，打造独具西藏神韵的现代景观，使之成为大众的文化广场、城市的艺术客厅、藏文化的浪漫演绎地。

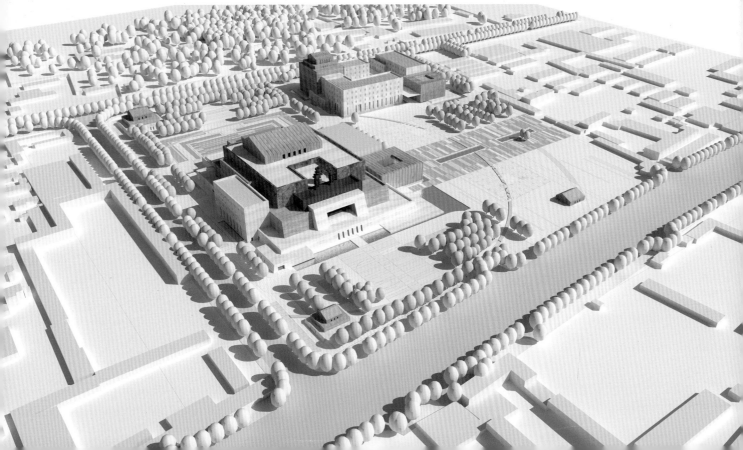

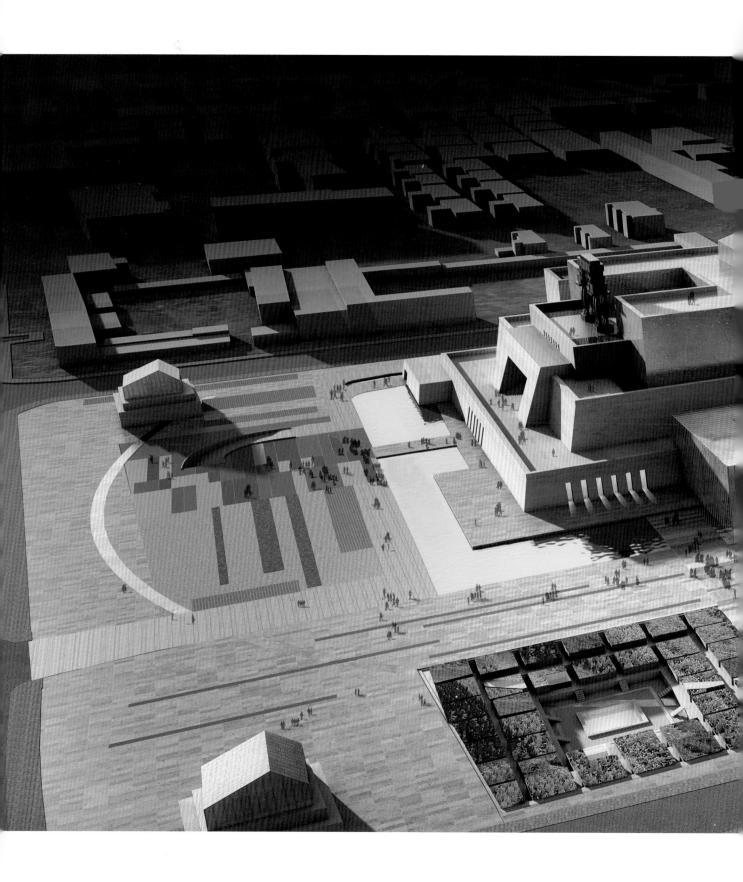

四川·甘孜
香巴拉国际旅游小镇

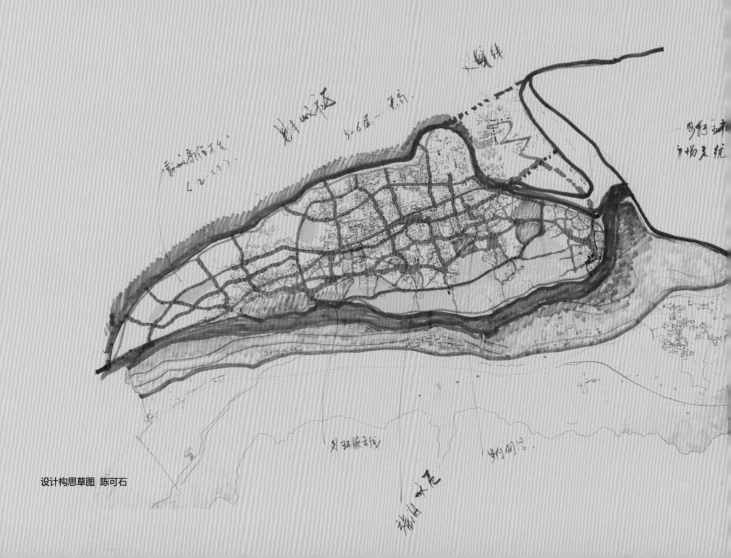

设计构思草图 陈可石

香巴拉镇位于四川省甘孜藏族自治州乡城县中部，是乡城县政治、经济、文化中心，海拔2700～3760米。"香巴拉"藏语意为"神仙居住的地方"。

大自然的神力与厚爱，造就了乡城山水风光极为鲜明的个性。境内山地由北向南、气势磅礴的硕曲河、玛依河、定曲河，从高山峡谷奔腾倾泻而下，一泻千里；诸多大小不等的高山湖泊，镶嵌在高山草地之中，湖水湛蓝，清澈见底，四周水草茂密，雪山相围，犹如明境，藏民称之为美丽的"天湖"；原始森林星罗棋布、无处不有的神秘峡谷、宏伟壮丽的连绵雪山、鬼诞怪异的岩溶洞穴、随处可见的高原温泉，无一不让人流连忘返，构成了乡城独特而极具魅力的大地景观。东部藏区最大的黄教寺庙之一桑披寺于公元1654年兴建于此，为香巴拉镇增添了深厚的人文背景。

面对具有独特美丽自然景观和丰富藏民族人文源流的乡城香巴拉镇，如何根据当代经济社会发展要求提出新的特色规划？我和设计团队深入田间、村头及藏族村民家中调研，获得大量的香巴拉镇现状第一手资料。土木结构的"白色藏房"是乡城县"三绝"之一，是乡城香巴拉镇最为重要的一大人文品牌。其藏式建筑独具一格，是乡城人在长期的生产生活中，积累了丰富的建筑实践经验，在康藏地区建筑基础上，融合了纳西族、汉族等民族建筑艺术特点，形成了与康巴高原其他地方乃至整个藏区相比

都独具特色的建筑风格和建筑体系。香巴拉镇的藏式民居在造型、色彩、装饰技艺和视觉要素的构成上都体现了自身的艺术特色，而其中又保留着传统藏式建筑的基本特征，充分体现了个性与共性的有机统一。

巴姆神山下的"四姑娘乡"

甘孜州乡城县香巴拉位于藏族著名神山之一"巴姆山"山脚，"巴姆"在藏语中意为母亲。我和设计团队设计了四个结合地域特色与旅游产

业的小村落，代表母亲的四个女儿，"四姑娘乡"由此得名。并在此基础上提出了香巴拉镇的品牌定位——巴姆神山下的四姑娘乡。设计团队将"四姑娘乡"组成的香巴拉镇建设目标确立为香巴拉国际旅游小镇，重点突出三大设计理念：

圣洁的白色藏居 康巴文化有着历史积淀丰厚，内涵博大精深，形态多姿多彩，地方特色浓郁的特点，以及不可替代的、独特的、持久的人文魅力。甘孜州作为康巴地区的主体，集中了康巴文化的精粹，康巴文化作为甘孜州的宝贵资源，具有极其广阔的开发前景。以充满神奇魅力的康巴文化与壮丽秀美的自然景观相结合，融合现代理念，创造蕴含丰富底蕴的新康巴文化。

诗意的田园风光 塑造以优美的田园景观与森林公园为主体的环境形象，崇尚自然的美学观，将绿色生态与城市发展有机结合，建设现代化的田园小镇。尊重并保护现有的水资源、森林资源和动植物资源，巧于因借，将城镇发展融入自然的山、水、田、林，促使森林公园和田园景观向城市内部渗透，形成独特的小镇城市景观格局。

魅力的旅游小镇 以生态宜居的藏族风情旅游小镇为目标，积极拓展生态旅游产业链，在发展生态工业的同时注重宜人居住环境的营造，实现产城融合、良性互动的城市环境。在小镇发展中注重绿色、低碳、生态技术的应用，将传统产业发展与现代生态技术相结合，使经济活动对城市环境的影响降至最低。将合理的规划设计与现代科学技术相结合，打造绿色低碳、舒适健康的生产与生活环境。保护自然生态，注重人文关怀，实现人、自然、城市的和谐共生。以文化为依托，结合安置与旅游建设新城。

注重形态完整与景观优先

在对香巴拉镇传统建筑的现代诠释中，我和设计团队特别注重形态完整与景观优先理念在实际操作中的运用与贯彻。

形态完整理念是指特定时空条件下，城市空间系统内部各要素的结构稳定、功能正常、组织有机、系统开放的一种相对景气状态，表征为各种元素之间的不可或缺和相互和谐，体现出一种互存共生，相互关联、整体有机的形态构成原则。香巴拉国际旅游小镇将保持人文老城区的形态完整和传统文化理念，增加公共建筑与服务类建筑。在保持自然景观原始风貌的同时，满足发展所需的配套功能需求，构建环境优美、生活便捷的生态新城。以生态宜居的藏族风情旅游小镇为目标，积极拓展生态旅游产业链，在发展生态工业的同时注重宜人居住环境的营造，实现产城融合、良性互动的城市环境。

在城市设计中运用景观语言，对于优化城市功能、延续城市文脉有着极为重要的作用。与传统的城市设计相比，加入景观语言的城市设计能重整城市结构关系，全方位地提高人居环境质量，正确对待城市传统和创新的关系。香巴拉国际旅游小镇设计以大地景观为背景，与山体协调呼应，保留天然的巴姆山山体景观，与小镇协调统一发展。从整体结构出发，对重要核心和节点，沿硕曲河水系打造宜人风景，将自然景观渗入小镇内，打造一个整体完整的景观环境。以大地为背景，保留天然梯田，遵从与自然协调发展，打造城市绿地景观，为小镇添加一道亮丽的风景线。

五大片区

在小镇空间形态设计上，将全镇分为五大片区：桑披寺片区、大姑娘片区、二姑娘片区、三姑娘片区、四姑娘片区。

桑披寺片区为宗教文化区，位于区域中最高处，行使宗教功能。在设计中，利用其绝佳的视野位置，将在此区域增加豪华酒店区和酒店式公寓区域，满足高层次消费人群的需要。并且设计城墙增加桑披寺区域的厚重感，凸显此区域庄严的神圣的宗教氛围。

大姑娘片区为香巴拉民族风情区，在未来规划中成为商业购物、传统手工艺品作坊的聚集地，在建筑设计中尽量使建筑满足商业需要，同时保证建筑的艺术性，以避免过于商业化。大姑娘片区内建筑现状大多数为原始夯土结构，具有当地特色，一般为普通民居；有少部分混凝土砖木及其他简易结构，这些大多是近期加建，用作储物及牲口棚。

二姑娘片区为养生度假酒店区，建设度假酒店、养生会所、精品客栈、藏浴、温泉 SPA。整个建筑规划重视适度。二姑娘片区建筑现状大多为传统藏式夯土结构，少部分混凝土砖木及其他简易结构，建筑密度低。适合规划为舒适度要求较高的高级养生类酒店或者会所。

三姑娘片区为香巴拉餐饮休闲区，建筑现状大多为传统藏式夯土结构，少部分混凝土砖木及其他简易结构，建筑密度低。改造后提供娱乐休闲、餐饮、演艺主要功能，以入口广场、餐饮街、酒吧街、中心广场等为主要景观轴线，融入藏乡特色民俗。

四姑娘片区为艺术集散区，片区建筑密度低，建筑现状大多为传统藏式夯土结构，少部分混凝土砖木及其他简易结构。改造后作为游客集散之地。方案设计区域内增加大量新建建筑，提高建筑密度，以保证游客容纳量。

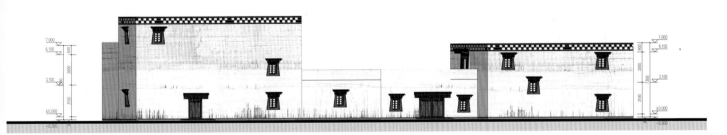

博物馆北立面

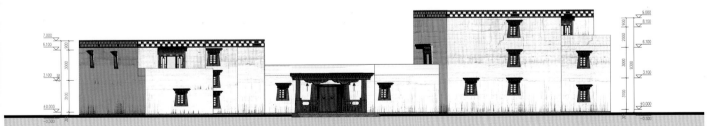

博物馆南立面

四川 · 甘孜

甘孜县城康北中心
总体城市设计

甘孜县位于甘孜州北部，境内山环水绕。总规划范围 980.38 公顷。项目的建设用地面积约为 498 公顷，总建筑面积约为 600 万平方米。

为进一步加快城镇建设步伐，改善城镇环境面貌，提升综合服务能力，甘孜县按照"立足甘孜，辐射康北，承接青藏"的总体思路，倾力打造"宜居、宜旅、宜商"康北中心城镇。

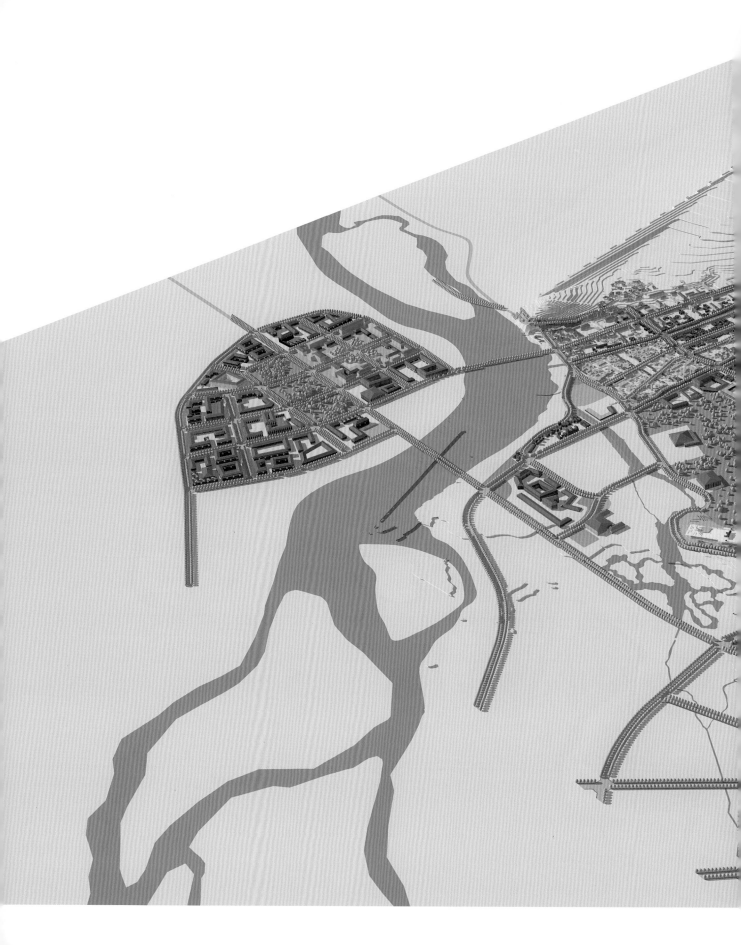

典型立面改造示意

1. 保留二楼木质墙面
2. 一层白色墙面修改成暖色调土墙
3. 一层更加通透营造商业氛围

1. 保留二楼木质墙面
2. 修改二层柱子和扶手样式
3. 一层白色墙面修改成暖色调土墙
4. 一层更加通透营造商业氛围

1. 保留二楼木质墙面
2. 增加坡屋面
3. 二层改为木质材质
4. 一层更加通透，营造商业氛围

总平面图

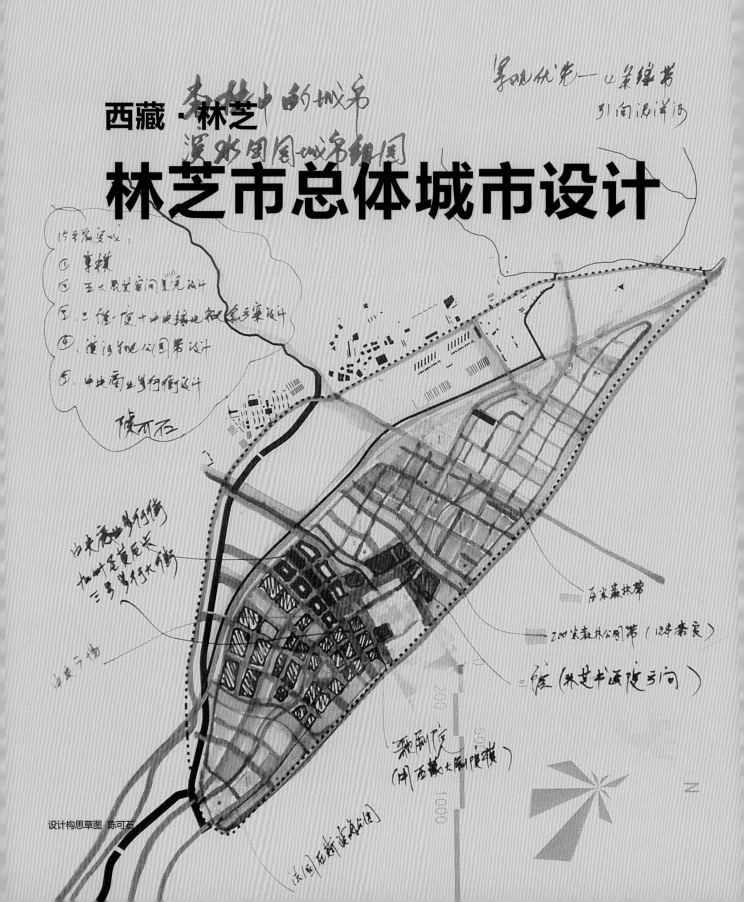

西藏 · 林芝

林芝市总体城市设计

设计构思草图　陈可石

设计目标

林芝市中心城区规划是将林芝打造成为一个具有雪域高原森林生态景观的国际旅游城市和区域旅游服务中心城市，并且重新定位其在藏区及西南大区域发展格局中的战略地位，给林芝的未来发展提供了一个非常独特的机遇。规划不仅将凸显高原藏区和林芝地域风格内涵，同时结合了城市开发强度、交通便捷、宜居环境和生态活力的考虑。

遵循依法规划、资源节约、可持续发展、区域协调、统筹兼顾的原则，在总结和借鉴国内外旅游发展经验的基础上，依据现状情况及总体规划确立的远期城市发展规模，明确林芝未来旅游服务设施建设标准、发展规模和城市空间形态布局及城市服务设施配套建设标准及其相互间的关系，不断改善旅游居住环境、就业环境，营造商业区和文化区的区域活力，形成人与自然协调发展的城市发展框架。将林芝打造成为 "世界旅游目的地"战略的重要承载地、区域中心城市和旅游服务中心城市，促进林芝由旅游资源市向旅游经济强市转变，实现人流、信息流、物流、资金流、信息流的聚集。

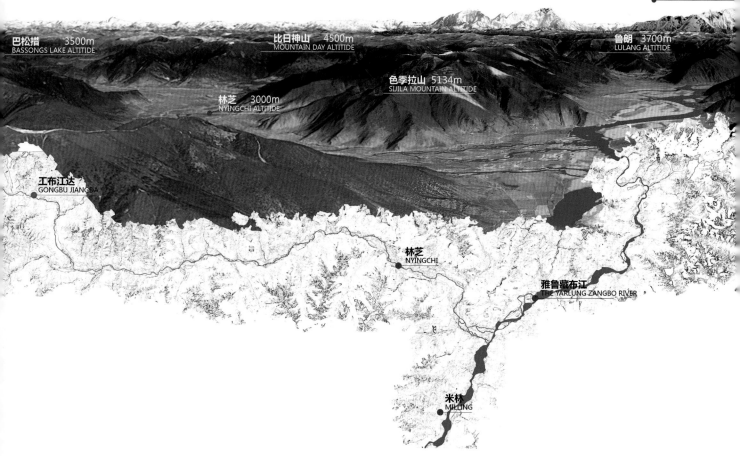

南迦巴瓦　7782
SOUTH GEBA TILE ALTIT...

巴松措　3500m
BASSONGS LAKE ALTITIDE

比日神山　4500m
MOUNTAIN DAY ALTITIDE

鲁朗　3700m
LULANG ALTITIDE

色季拉山　5134m
SIJILA MOUNTAIN ALTITIDE

林芝　3000m
NYINGCHI ALTITIDE

工布江达
GONGBU JIANGDA

林芝
NYINGCHI

雅鲁藏布江
THE YARLUNG ZANGBO RIVER

米林
MILLING

依据建设林芝"世界旅游目的地"的发展目标，全面分析和识别林芝城市及周边区域的自然环境和人文特征，坚持地区可持续发展战略、构建让人看得见山、望得见水、人与自然和谐共生的"山-水-城"空间发展格局，塑造凸显高原藏区文化内涵和林芝地域风格的特色城市形象，使城市具有高度识别性，打造别具一格的城市形象名片。

该规划在明确定位、发展目标和可持续发展空间战略等问题的基础上，同时制定林芝城市具有可操作性的空间发展对策，使规划成果真正发挥其控制、引导作用。

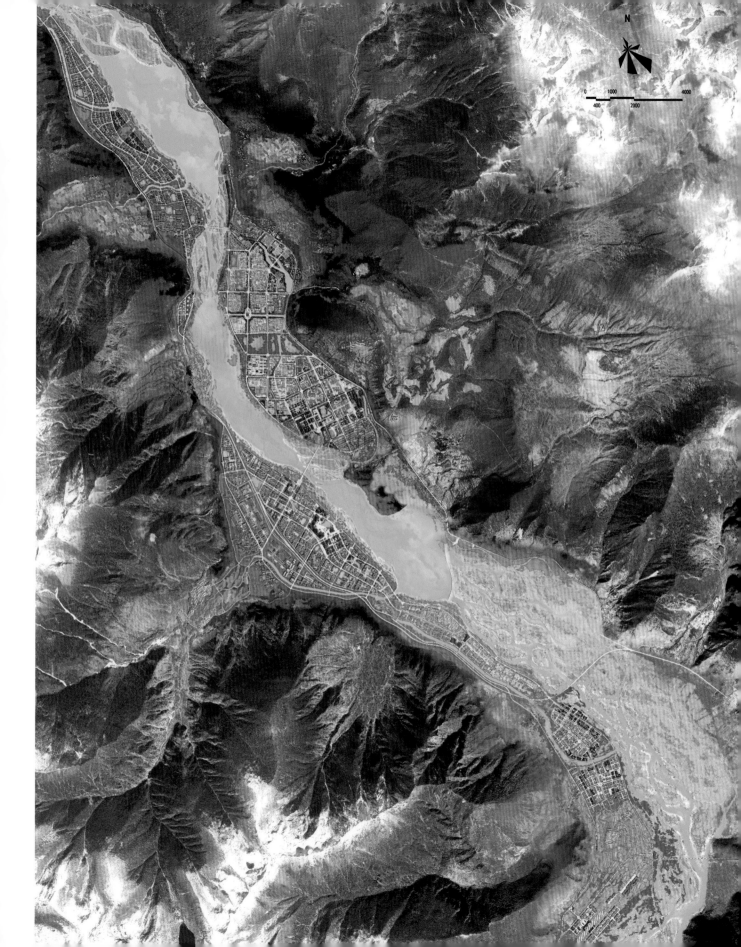

西藏·林芝

林芝书画院

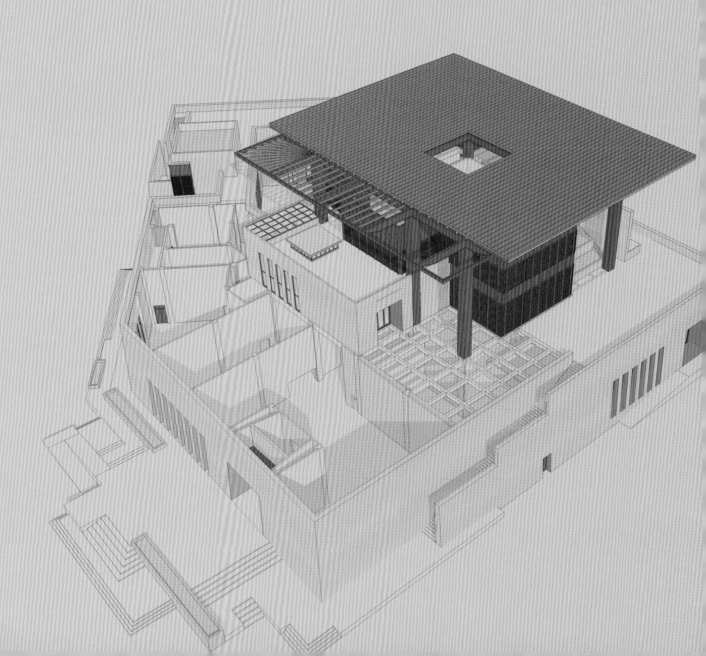

林芝书画院是地域性、原创性和艺术性设计原则的具体实践。

西藏林芝，古称工布，位于西藏东南部，其西部和西南部分别与拉萨市、山南市相连，有世界上最深的峡谷——雅鲁藏布江大峡谷和世界第三深度的峡谷——帕隆藏布大峡谷。林芝风光秀丽，被誉为"西藏江南"。与西藏其他地区相比，林芝有着自己独特的人文优势，作为工布文化的首府，具有独特的工布建筑文化特征和传统建筑特点。

林芝书画院位于林芝市巴宜区新区二桥桥头位置，毗邻尼洋河。巴宜区发展到现今，随着经济的发展和旅游业的兴旺，城市的建设已经不能满足当下的需求，对文化的契合度的要求被越来越重视，在这样的背景下建设的林芝书画院被要求至少要起到两个作用：首先，起到重塑林芝地区的人文价值的作用；其次，作为新区主要的公共建筑，作为林芝市的城市客厅，为城市提供公共场所的作用。把书画院首层的边界基本沿着地块边界设计，可以很好地呼应场地与建筑的关系，从而激活了场地的活力，并且通过平台、内院、台阶、屋顶等建筑元素，给市民提供多样性以及立体的多重空间体验。

对公共空间的塑造使得林芝书画院成为林芝真正的开放性城市客厅。

2014年，我受福建省援藏队的委托设计了林芝书画院。林芝书画院这个建筑设计方案非常有难度，首先它位于尼洋河的北边，林芝尼洋河大桥的近端，是一个不太容易出彩的设计主题，而且由于种种原因之前做过的19个方案都没有通过。其中一个原因是肯定的，就是之前那些方案都没有达到决策者所要求的带有地域性、原创性和艺术性的设计方案。所以我和设计团队的设计方案首先考虑的是如何表达林芝书画院的地域性，其中包括如何表达工布藏族传统建筑学的特征。

说到理解工布藏族传统建筑学，就要追溯到之前我设计的鲁朗小镇和在此期间对林芝地区工布藏族传统建筑学的调研。我所理解的工布藏族传统建筑最重要的特征是屋顶。在西藏众多的地域性建筑学里，林芝工布藏族传统建筑最重要的特征就在于木结构和飘逸的大屋顶。在鲁朗的扎西岗村看到的元代时期工布藏族传统民居在屋顶的处理上具备十分鲜明的地域特征，这种特征表现在平缓的双坡顶和屋顶的架空处理。然后就是非常坚实的斜墙，这种斜墙是用夯土筑成的，倾斜的墙面是对山地建筑的一种呼应。这两个特征都非常重要，一个是架空、飘逸的坡屋顶，另一个是坚实的倾斜墙面。

在构思林芝书画院的建筑设计时首先抓住了这两个明显的地域建筑特征，首先是飘逸的屋顶，能够看到屋檐下面的处理，也就是屋顶下面所架空的部分，这个部分有暖色调的颜色。另外就是斜墙面，斜墙面是西藏建筑里面比较普遍的一种处理方式，比如甘孜的白藏居和拉萨的传统民居都有这种倾斜白墙面的处理手法。

整体建筑结构设计体现出藏式传统建筑坚固稳定的特性，建筑采用收分墙体，下宽上窄，藏式建筑的斜率大小不一，斜率跟建筑类型有关，跟建筑的体量有关，是受力决定的。但书画院收分的做法更多只是对这种形式的呼应，考虑的是功能使用而不受收分的影响，因此斜率定为3%；建筑以几何方体为原型，通过堆叠镶嵌掏空等设计手法对形体进行塑造，最终形成体形变化丰富，空间起承转合的建筑艺术。

在林芝书画院的设计过程当中首先强调的是现代精神，然后才是藏族特征。门窗的处理采用了比较现代的风格和能够表现出现代钢结构的特征。外立面采用了藏族的传统壁画，这种壁画的处理手法是将原有的室内传统壁画用于室外，这就创造了一种更鲜明的建筑特色。设计中特别强调了对艺术性的追求，因为它是一个书画院，本身就应该是一个艺术品，其空间应该更具备艺术特征，因此在整个建筑的设计过程当中十分强调凸显工布藏族传统建筑的现代诠释，用现代建筑语言体现工布传统建筑的艺术之美。在林芝书画院的设计全过程，始终把地域性、原创性和艺术性作为建筑设计的重要原则。

地域性也表达在对于地形的处理上，方案务求让建筑和尼洋河开阔的河面空间融为一体，使建筑和尼洋河产生一种虚和实的共鸣，建筑的造型也呼应地域的特征，让建筑和尼洋河水面形成一种呼应。建筑设计上采用了两个院落式空间的处理策略，首先外部院落是一个以入口和服务性建筑所围合而成的五边形室外院落空间，另外一个空间是由主展厅走廊所围合而成的室内合院，在室内合院的顶棚处理上设有顶光，显现出西藏传统建筑天光的处理特征，也是西藏传统建筑学重要艺术元素的表达。在室内和室外建筑色彩的构成上也吸取了工布藏族的色彩处理手法，包括白色、金色和红绿色交替的色彩搭配方式。

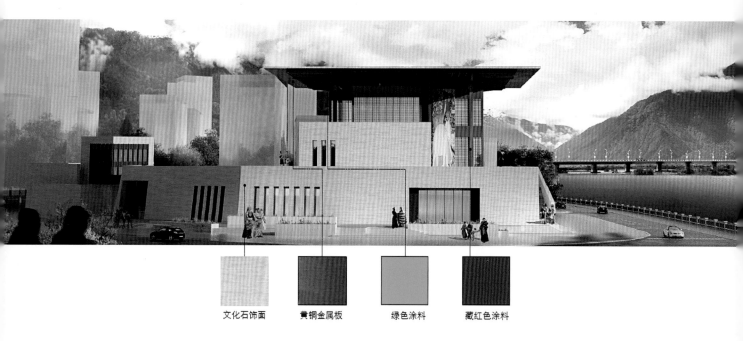

文化石饰面　　黄铜金属板　　绿色涂料　　藏红色涂料

坛城作为西藏象征宇宙世界结构的本源，充分反映在藏式建筑的形制上，尤其是西藏公共建筑。书画院以藏族传统的"精神空间"为基础，结合坛城的空间布局及书画院功能进行空间设计，形成藏式建筑台地关系。

林芝书画院的空间处理不但体现出现代建筑的明显特征，同时也呼应了传统西藏合院式建筑的空间处理特征。在门窗和天光的处理上，采用了西藏传统建筑常见的门窗光线的处理方式。吊顶图案也源于传统的西藏建筑，特别是工布建筑的做法和色彩处理方式。建筑设计的难点在于如何让传统和现代达到平衡，或者说一种连接，使之既表达出现代建筑的空间结构和材料特征，同时又具备传统建筑的艺术元素，实现传统建筑学信息的准确表达。所以基于地域性、原创性与艺术的原则，我提出了林芝书画院极富创意的设计构思，通过现代的建筑设计手法和新材料的运用，以现代材料表现工布藏族木构建筑的艺术特征，对工布建筑文化内涵作出与时代相符合的创新性诠释。

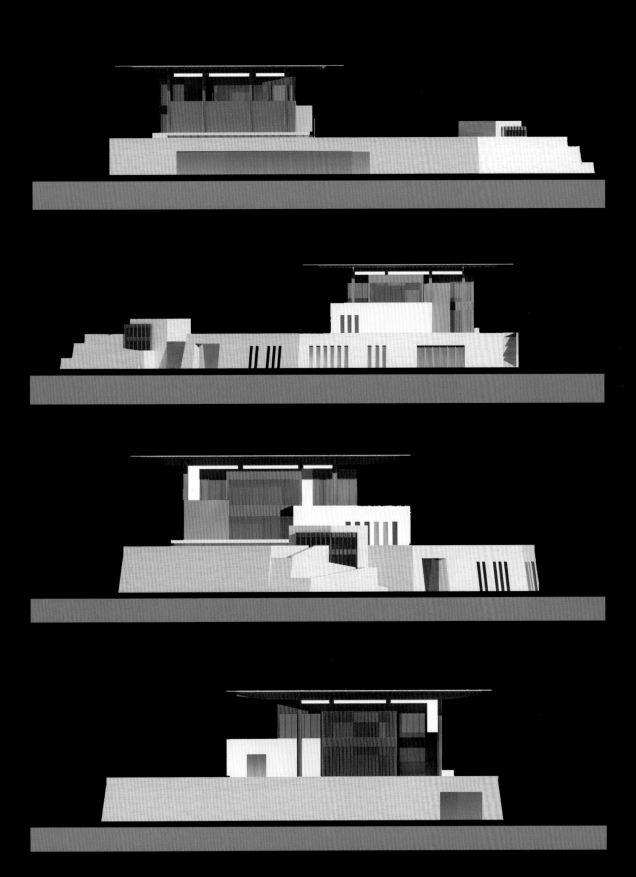

林芝书画院的建筑设计运用了西藏传统建筑的"光、色、空间和图腾"四种艺术元素，在一个现代建筑当中，光作为最重要的一个艺术元素，通过天窗侧窗的处理实现光对于建筑室内外的塑造。对于建筑体形也特别强调了光和影以及光塑造下建筑的整体艺术效果。色就表现在如何通过色彩的运用来强调传统工布建筑的地域性。地域性的材料、做法和工艺表达出这座建筑的地域特征。图腾的艺术表达在壁画的运用上是一种尝试，如将西藏特色的壁画作为建筑的一种装饰性壁画效果运用在建筑设计当中。

空间的运用是设计中需要考虑的最重要的元素，所以在外部空间方面采用非几何形的一种空间布局，在院落组合上采用了五边形院落，而在整个建筑侧面采用了斜楼梯的做法。包括室内空间的塑造如何体现出西藏建筑空间的特征，这些都是设计上对于艺术性很重要的思考。由于设计上对于地域性和艺术性方面的思考，带来了一种原创设计的创新和结果，正是对地域性的追求导致建筑设计带有明确的原创特征。

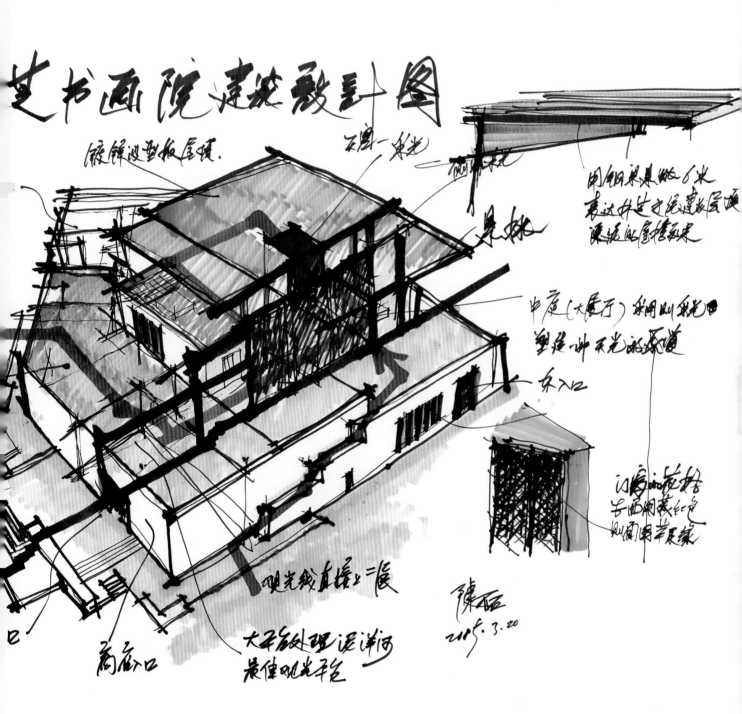

设计构思草图 陈可石

陈可石 绘

四川·汶川

汶川水磨镇

2008 年 5.12 四川汶川大地震发生后，由我主持完成的汶川水磨镇重建方案首先提出了"以文化重构实现小镇灾后可持续发展"的核心理念。我和设计团队共同建立起安置－文化－经济－生态的复合模型，改善自然生态环境，并创造长久的就业机会，统筹居民安置与可持续发展。借鉴英国的经验，我在汶川水磨镇设计中提出采用"总设计师负责制"，以城市设计为先导，多种设计手段并行，将川西民居、羌族和藏族建筑结合，以山地小镇丰富的空间形态、亭台楼阁和湖面形成独具特色的景观和传统"风水"格局，再现了中国传统诗意小镇之美。

如今，水磨镇已经从一个工业重度污染地区转变为环境友好、独具特色的著名旅游小镇，成为国家 5A 级风景区，受到中国政府的高度肯定并获得国家最高设计奖，同时水磨镇还被全球人居环境论坛和联合国人居署评为"灾后重建全球最佳范例"。作为水磨镇灾后重建总设计师，我受邀在纽约联合国总部向多个国家的代表介绍灾后重建的成功经验。

水磨镇位于四川省阿坝州汶川县东南部边缘山区，岷江支流寿溪河畔。水磨镇历史悠久，生活着藏、羌、回、汉等多个民族，各民族文化相互交融，形成独具特色的地域文化景观。

2008年5月12日，发生在中国汶川县及周边地区的地震灾难震惊全球。地震发生后，中国政府马上组织全国各省市对口支援灾区的重建。经过两年多的规划和建设，汶川灾区重建成绩举世称赞。由广东省佛山市对口援建的水磨镇重建了禅寿老街、寿西湖、羌城三大区，镇上古街林立，水磨镇被认为是汶川灾后重建第一镇。

设计构思草图　陈可石

水磨镇的规划设计倾注了我的城市人文主义价值理念，也是我对传统羌藏建筑艺术予以现代诠释的成功实践。在重建过程中，我尊重当地传统文化和历史文脉、关注羌藏民众未来的可持续发展，从传统的藏族和羌族民居中吸取设计元素，着力于传统羌藏建筑艺术的现代化表达。规划设计中通过建构完整的文化空间序列，在建筑体量、色彩、材质和符号方面，寻求现代与传统的呼应，创造了极富羌藏民族特色的精神空间与生活空间。

中国历史上的那些美丽小镇，最大的特征是整体形态完整性，道法自然、依山就势、因地制宜并寄予诗情画意。水磨镇规划设计从整体形态和景观入手进行小镇的设计，如同回到中国传统的风水理论，小镇的设计首先考虑到自然地理的因素：风、水、阳光、山形地貌。方案提出了以"寿溪湖"为中心的小镇总体形态和采用坡屋顶的山地建筑形式。

以湖面作为城市的核心景观。在城市设计中以湖面和绿地作为城市的核心景观，充分利用湖面进行城镇建设的经验，结合水面空间进行水磨镇整体风貌的打造，塑造依山傍水的生态新城形象。

再现人文历史和传统建筑学价值。人们应该生活在一个有人文历史的空间。水磨镇的规划设计再现了小镇人文历史和传统建筑学的价值：恢复了禅寿老街，严格采用传统材料和传统工艺；在震后的废墟上重建了 800 米长的传统商业街和历史上曾经有过的戏台、大夫第和字库等建筑；在居民安置区的设计上采用了传统羌族建筑学，并为当地居民提供了发展服务业的机会。

创新建筑风格和建筑语言，以羌藏传统文化为基础，以现代的手法予以新的诠释，使水磨镇未来整体建筑风格体现出西羌传统建筑艺术的特征和风格。

汶川地震前，水磨镇只有一条老街保留了传统的川西建筑风格，其他建筑基本无明显的地域特色。因此，在水磨镇的城市设计和建筑设计中，设计团队以羌藏传统文化为基础，从传统的藏族和羌族民居中吸取设计元素，着力于传统羌藏建筑艺术的现代化表达。在重建的过程中，设计团队充分结合西羌的深厚文化内涵，继承与发展西羌文化，通过建构完整的文化空间序列，寻求现代与传统的呼应。

为实现水磨镇整体文化风貌的和谐，方案提出了总体控制的要求。方案结合水磨镇的自然条件和历史文化，对建筑高度、建筑材料、建筑色彩和立面提出控制要求，以尊重地域性，保证整体风貌的和谐。水磨镇的几个标志性景观，包括寿溪湖、羌城、春风阁、水磨中学、西羌汇、禅城桥等，都诠释着传统羌藏之风。

民居是传统文化的浓缩与具体体现，在设计中设计团队关注极富羌藏民族特色的民居、碉楼的传统结构，力图用现代的建筑语言进行表达，在建筑的体量、色彩、材质和符号方面，寻求与传统的呼应。川西民居的建筑特征是以庭院式为主要形式，基本组合单位是"院"，即由一正两厢一下房组成的"四合头"房，立面和平面布局灵活多变，对称要求并不十分严格。羌族的房屋布局紧密相连，建筑与建筑之间仅留出可供通行的走道。羌族传统建筑背山面水，坐北朝南，布局严密工整。所有建筑均以石块垒砌而成，远远望去，一片黄褐色的石屋皆顺

陡峭的山势依坡逐次上累，或高或低、错落有致，其间碉堡林立，气势不凡，风格独特。羌族建筑工艺精湛，构思独特，为防御敌人入侵，所有住房都互相连接，进入巷道，古羌先民引山泉修暗沟从寨内房屋底下流过，饮用、消防取水十分方便。在建筑设计中，设计团队充分提炼羌藏建筑形式和色彩，合理利用地方建筑材料，融合现代设计语言，以创造出具有地域文化特征的现代建筑。

寿溪湖在城市设计中是水磨镇的核心景观，也是水磨镇整体风貌的重要表现元素。为了充分挖掘水磨镇"水"的作用，根据寿溪河河道的高差变化，方案采取外河内湖的构思，设计出一动一静两部分水面，形成枯水期和丰水期不同的景观。

藏

禅寿老街是水磨镇现存最完好、最具有传统川西民居风格的建筑群，设计团队以"保存、修复与重建"相结合的原则改造老街，按照川西风格设计建造。在禅寿老街空间肌理的设计上，充分尊重老街已有的空间肌理，并结合自然地势加以整理和改进。老街的原有传统建筑布局紧凑工整，高低错落有致，所有住房都互相连接，形成了独特的聚居肌理。设计延续了原有的弧形主街，对内部巷道进行整理，而新建、重建建筑依照外部空间进行约束，以保持古镇空间形态的原真性。

羌城位于水磨镇规划区东北部、禅寿老街的东部，北部为连绵起伏的自然山峦，南面面临寿溪河，是灾后集中安置区。羌城将老街的肌理与商业氛围延续过来，共同组成区块内的主要道路与商业步行街。羌城所在地本是一片梯田，高差变化大。根据地形总体走势为北高南低、西高东低的特点，方案在 18 米的南北高差下将整个安置区划分为数个地块，地块内设计前后两户，它们之间结合地形存在一定高差，以此使建筑单体组合形成优美的层叠围合感。建筑的总体走势与原有地形充分贴合，建筑高度

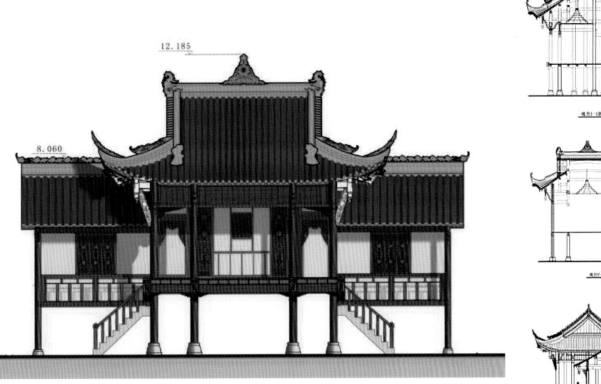

整体立面改造

街道立面现状照片

街道立面现状实测图

街道立面改造设计图

控制在 10 米以内,依山布置安置房用地,创造出羌城高低错落的风貌与宜人的街道空间。羌城的设计体现了现代生活方式与羌族传统建筑形式的完美结合,并成为旅游的热点。

在建筑单体设计上,最初以藏族传统的红色、白色为主色调,而后充分吸取羌族民居的特点,采用建筑局部退台、坡屋顶,以及羌族民居传统的土黄色系,创造出颇具羌族风情的文化景观。羌城建成后,又参考茂县坪头村羌族民居的做法,在建筑的外立面运用水泥、谷草和铁环创造出类似黄泥的效果,不但防晒、防雨,而且耐用性持久;利用羌族传统的白石拼贴出各种羌族传统图案,极具民族特色。在运用传统元素的同时,设计也对羌城进行了较多的改造和创新,建筑内部布置已经不同于传统羌族民居。

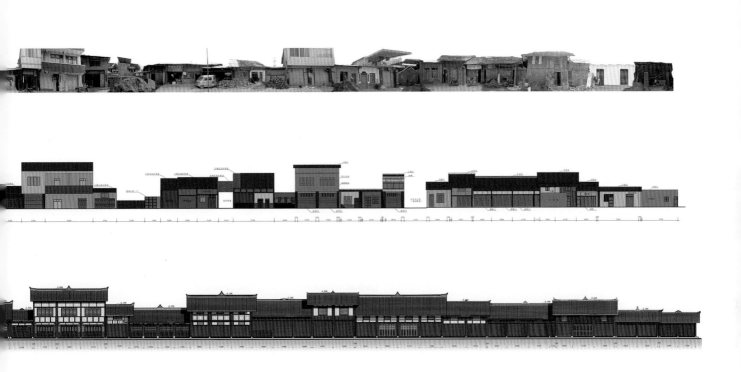

汶川第二中学

设计构思草图 陈可石

通过研究不丹国的建筑风格，我发现他们十分强调"传统"建筑语言的运用，比如采用传统材料、传统色彩和传统装饰图案等。不丹的建筑设计的处理手法是在新建筑中保留70%~80% 的传统建筑艺术。这种方式能够最大程度地保持传统建筑语言的延续。

在汶川第二中学的设计过程中，我对如何体现西羌传统建筑艺术进行了大量的研究，做过十几个不同的设计方案，比如采取不丹的处理模式，采用 70%~80% 的传统做法，也有比较现代的做法，但带有一些传统羌藏的符号，总之要在一个全新的建筑群中反映出现代意识又有

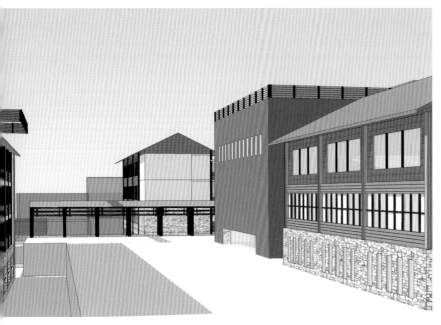

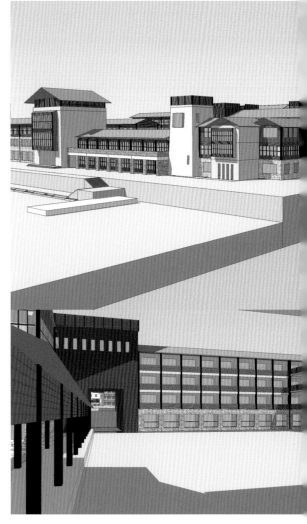

传统精髓十分困难。最后设计团队采用比较现代的做法，从设计上突出"创新"，但在材料和色彩上参考了一些羌藏建筑的做法。汶川第二中学的立面设计反映出明显的"现代羌藏"特色，在色彩方面，参照了"唐卡"中的颜色处理，并从敦煌壁画里找到了设计灵感。作为传统羌藏建筑学的现代诠释，汶川第二中学的立面设计有很多创意。

设计构思草图 陈可石

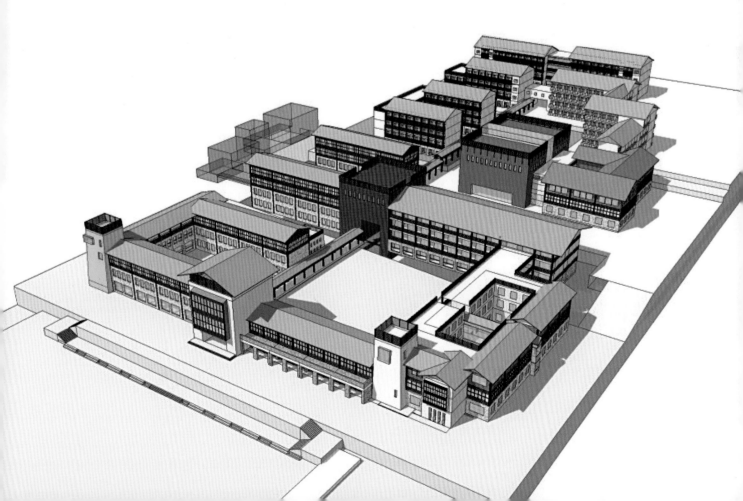

春风阁

在禅寿老街南面的山丘上建一个"春风阁"，是因为这个地点是水磨镇的视觉中心，从这个地方可以看到湖面和整个水磨镇。一开始也设计了一个川西民居风格的阁楼，采用了比较传统的羌藏建筑风格，可能90%的风格依靠传统建筑语言。开始主要参考了藏式的宫殿式建筑做法，后来发现这种做法与禅寿老街的建筑风格反差太大，最后又再改成现在的风格。我

根据中国传统小镇十分注重亭、台、楼、阁等文化景观的特点，充分融合川西建筑和羌藏建筑风格，以一座三重檐阁楼和一座近 25 米高的碉楼为主体，利用当地毛石砌筑台基，台阶踏步沿高台边缘自然而上，以朱红、白色和青灰色为基调，将两种风格的建筑形式协调为一体。

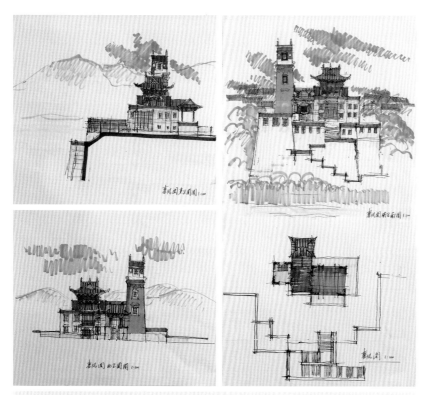

書风阁东立面图 1:100

書风阁两立面图 1:100

書风阁北立面图 1:100

書风阁 1:100

書风阁南立面图 1:100

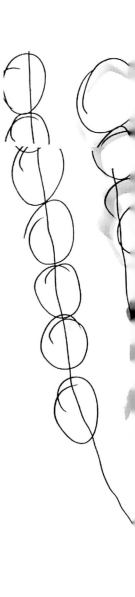

设计构思草图 陈可石

西羌汇

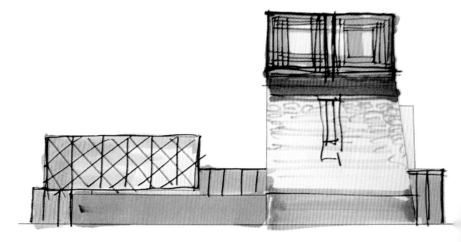

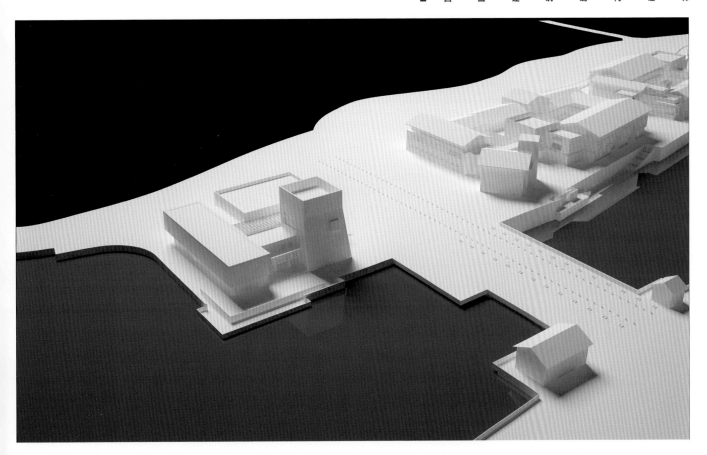

灾后人们在哀伤与悲痛中迷失自我，让精神需要慰藉的人们尽快找寻到心灵的归属是灾后重建的首要任务，这就是西羌汇的意义所在。西羌汇则以展览、纪念等公共活动功能为主，采用敦实的羌塔式建筑，建筑色彩采用了当地最常见的红白色调，在实际建设过程中改用土黄色，与羌族民居传统的土黄色系相呼应，营造出颇具地域民族风情的景观。

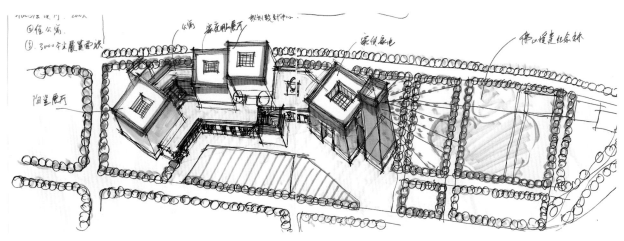

设计构思草图　陈可石

独克宗古城
灾后重建城市设计

独克宗古城是中国保存的最好、最大的藏民居群，而且是茶马古道的枢纽。中甸即建塘，相传与四川的理塘、巴塘一起，同为藏王三个儿子的封地。历史上，中甸一直是云南藏区政治、军事、经济、文化重地。千百年来，既有过兵戎相争的硝烟，又有过"茶马互市"的喧哗。亦是雪域藏乡和滇域民族文化交流的窗口，汉藏友谊的桥梁，滇藏川"大三角"的纽带，还有着世界上最大的转金筒。

2014年1月11日凌晨1时37分，独克宗古城发生火灾，此次火灾烧毁大量古城民居，对居民财产造成较大损失。古城基础设施严重破坏，大量文物古迹、唐卡等付之一炬。为了科学的组织和实施灾后重建，编制本次修建性详细规划，以指导独克宗古城过火区的恢复重建工作的开展。

受迪庆州政府委托，陈可石教授于灾后第一时间带领设计团体赶赴现场开始灾后重建规划的设计工作

规划目标

完成古城过火区域的恢复重建工作，同时使古城基础设施全面提升，公共服务管理能力全面提升，防灾减灾能力全面提升，文化传承与保护开发能力全面提升，长治久安水平全面提升，再造宜居宜业宜游、安全和谐的新家园。

规划构思

规划在保持现有街巷空间骨架的基础上，通过梳理部分街巷空间，强化古城"八瓣莲花"的建城构图意匠。民居的建设以恢复古城原貌为主，保留居民原有庭院空间，并进行景观环境的提升。

"独克宗1.11火灾"造成古城惨重损失，所幸古城中其他重要文物古迹及历史建筑、公共建筑未遭到焚烧破坏，古城的整体形态、空间格局和街巷肌理绝大部分仍留存完好，古城的历史、文化，旅游价值及物质与精神遗产价值依然存在，独克宗古城申报国家历史文化名城的基本条件依然具备。

通过科学审慎和有序的恢复重建与提升完善，独克宗古城仍可凭借其丰厚的历史文化底蕴和独具特色的藏式风情传承与后世。

云南·香格里拉

月光城

香格里拉藏语意为"心中的日月"，位于云南省西北部、迪庆藏族自治州东部。日光城与月光城是香格里拉传说中对应的两个姊妹城。

日光城
明代，丽江木氏土司在奶子河畔建"大年玉瓦"寨，藏语名为"尼旺宗"，意即日光城。现在尼旺宗已经没有了，原址上是一座白塔。

唐代，滇西北（包括迪庆地区）为吐蕃王朝所属之地。唐676——679年，吐蕃在维西其宗设神川都督府，在今大龟山建立官寨，垒石为城，城名"独克宗"。

月光城
项目基地紧挨独克宗南侧，规划方案结合当地历史，以当地特色藏式文化为核心，进行概念构思，提出香格里拉月光城这一设计理念。整合当地原有的历史文化资源，设计出富有竞争力和差异优势的藏式文化旅游小镇。

策划从"月光城"旅游整体发展出发，保留既有旅游优势资源，以"坛城式"的空间格局为基础，形成"独克宗古镇观光旅游区、健康养生旅游区和运动休闲旅游区"三大核心片区。

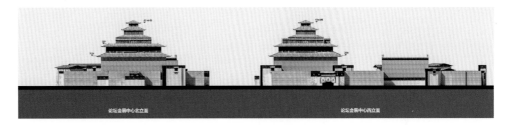

沿湖建筑天际轮廓

商住建筑   酒店建筑

布达拉宫周边
城市空间与环境提升

布达拉宫是世界文化遗产，借鉴国际历史文化名城文化街区的成功建设经验，将其周边3平方公里地段建设成为拉萨市的文化、艺术、旅游核心城区，我们建议：

1. 构建拉萨城市文化、艺术、旅游核心城市。对布达拉宫东西两侧地块进行城市提升，建设藏剧院、布达拉宫博物馆、美食艺术商业区和布达拉宫美术馆等配套设施，建设低密度、极富活力的藏式风情商业休闲街，提升旅游综合服务配套功能。

2. 药王山历史风貌恢复。深入挖掘药王山历史文化，延续药王山与布达拉宫红山一脉相承的文化脉络与城市景观格局；作为保护布达拉宫世界物质文化遗产工作的重要部分，恢复1938年药王山原有古迹。

3. 打造传统手工艺商贸街。将林廓西路、林廓北路进行建筑立面风貌改造，结合藏式民族手工艺传统技艺，将传统民俗艺术、民族手工艺与现代旅游结合，涵盖民间工艺、文化博览、纪念品商店等文化为底蕴的业态功能，打造集

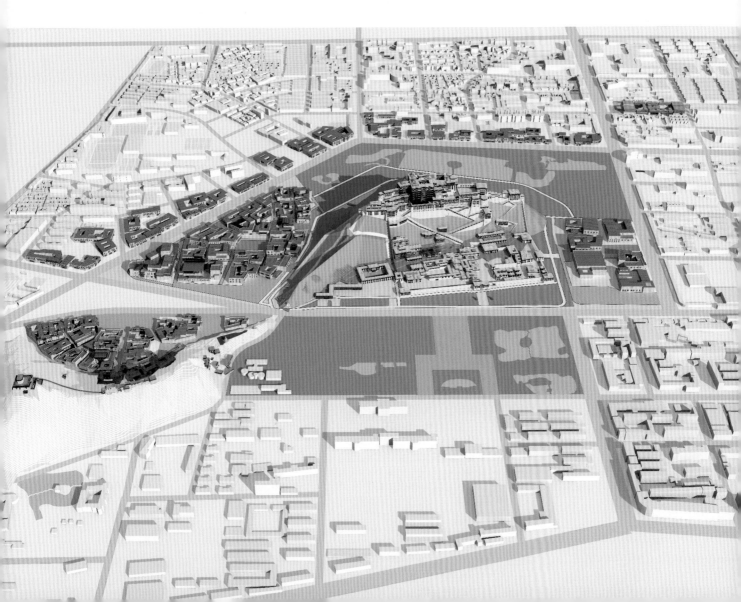

研发设计、展示贸易、创意作坊与"非遗"手工艺体验、旅游休闲于一体的藏式传统手工艺体验街区。

布达拉宫周边 3 平方公里是西藏未来文化、艺术和旅游产业的核心，通过规划设计，借鉴国内外的成功经验，使布达拉宫周边 3 平方公里成为世界著名的旅游品牌，使之成为华夏文化伟大复兴的成功实践。

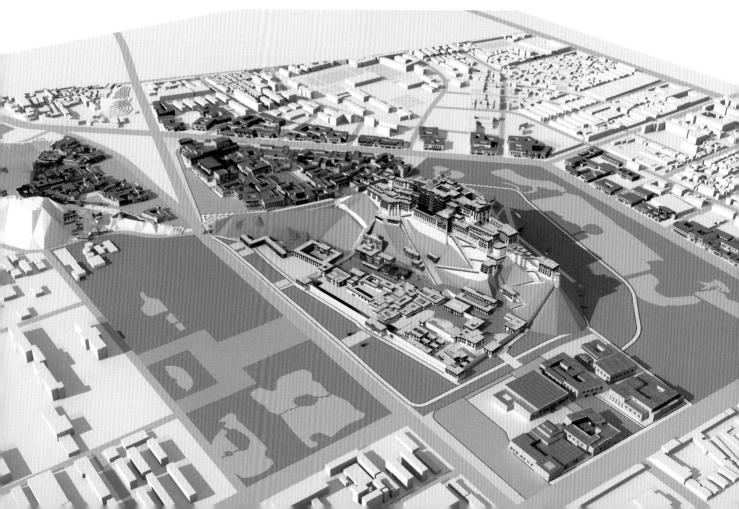

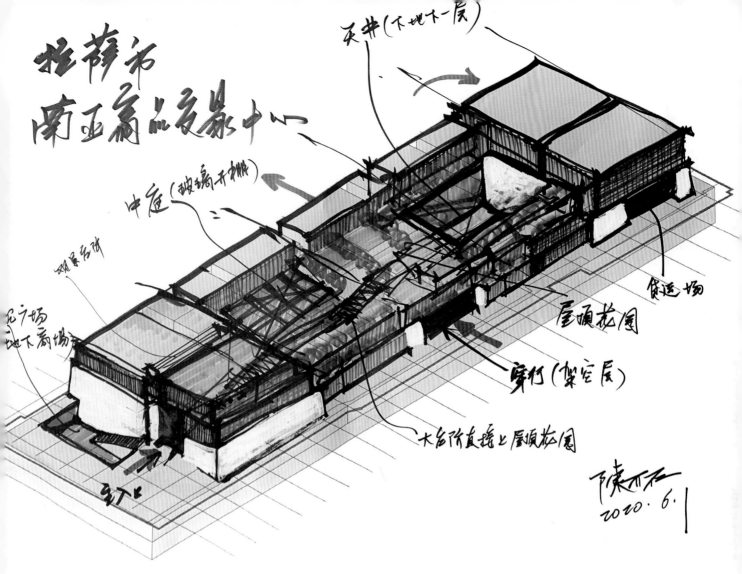

拉萨市
南亚商品交易中心

天井(下地下一层)

中庭(玻璃天棚)

景景平台

充广场
地下商场

全下上

大台阶直接上屋顶花园

穿行(架空层)

屋顶花园

货运场

陈可石
2020.6.1

设计构思草图 陈可石

项目紧邻布达拉宫。距拉萨火车站 9 公里，距拉萨东郊汽车客运站和北郊汽车客运站均不到 5 公里。地理位置优越。占地面积为 12163 平方米。用地性质为商业用地。

设计最大程度的尊重藏族建筑文化的特征，引入最具地域文化特征的元素加以利用。在建筑造型、空间、色彩上吸取藏族建筑文化的精髓部分，利用先进的科学技术修建营造，将本案构造成为科学、生态、节能、高效的大楼。

瑞签·南亚商品交易中心

陈可石
2020.5.7

南立面 1:20

北立面 1:500

设计构思草图 陈可石

四川·跑马山

康定情歌
国家级旅游度假区

（近期进行中的项目）

甘孜藏族自治州是四川藏区自然美景和人文资源最集中的一个州，甘孜州的首府康定市是康定情歌的原生地，也是未来川藏铁路和高速公路进入西藏的门户。

受川威集团委托，我和设计团队于 2019 年 7 月开始对康定市的旅游资源进行深入研究，在多次调研的基础上结合当地自然、人文条件和社会发展需求的基础上，提出"跑马山——康定情歌国家级旅游度假区"的整体规划目标，依托现有的旅游产业基础，以藏文化为主体，结合极具地域文化特色的情歌文化、茶马古道文化、锅庄文化等，对相关指标和参数按照国家旅游度假区的要求进行配套，构建五大旅游产业板块：康定情歌城、康定唐蕃古城、樱花国际温泉谷、贡嘎山冰雪世界、一生一世露天温泉。以上五个旅游主题项目共同组成"康定情歌国家级旅游度假区"，打造未来康定旅游新名片。

康定情歌城

康定情歌城设计构思以"传统建筑现代诠释"和"城市人文主义"为设计理论基础，在半山顶区域打造具有情歌文化内涵及品牌支撑的康定情歌之城。主要项目设置有：万人情歌印象大型户外实景演出、茶马古道美食街、千人室内康定情歌主题演出、星级酒店、云中情歌花街步道。康定情歌城充分利用山体地形，将部分山地以阶梯状花街的形式形成丰富有趣的山地步行街，其自身将成为一大亮点。

规划设计康定情歌城南立面强调立体空间形态的层次，重复展现康定情歌城浪漫、梦幻的一面，激发游人的想象力，形成琳琅满目的吸引点，浸入式体验康定情歌文化、茶马锅庄文化。康定情歌城和康定古城西立面在天际轮廓线上呈现出互相承托、互相强调的关系，更加突显康定情歌城的雄伟、神秘和梦幻，但又和周围环境融合。

建筑风貌构成多采用现代藏式建筑作为主体风貌呈现，在项目局部地方少量点缀木雅藏式风格以体现当地的木雅文化，在重要文艺汇演及星级酒店等公共建筑上以藏式宫廷建筑样式作为其风貌呈现方式，最终形成多元混合的藏式建筑风貌。设计中主要以自然生态铺装材料为主，较大的广场采用古朴粗犷的黄石子，街道及小尺度范围采用小料石铺装做法。体现藏式特点。

唐蕃古城

在跑马山公园入口再现具有浓厚历史文化氛围的康定古城，将锅庄文化、茶马文化、木雅文化。空间形态以现代设计手法演绎，以此表现现代康定古城独特的风貌。根据地块各自的功能定位、路网边界、地形地貌等条件划分为四大功能板块：民族文化主题区、藏式生态住宅、锅庄文化商住区、茶马文化商业街。

锅庄休闲体验区展现了锅庄文化与现代商业、文化娱乐的演绎结合，通过业态植入保护、传承、弘扬锅庄文化。锅庄休闲体验区空间形态诠释了"古"与"今"的完美融合——通过保留藏式的建筑风格，再融入大量现代的玻璃结构与钢结构设计，并配合优越的景观资源，打造出了城市景区商业区独树一帜的复古街区购物体验的地标项目。

木雅文化游览区以民俗风情与自然风光相结合，为游客提供具有地域风情的民俗文化体验，整体体现藏式建筑的造型特点和使用现代建筑材料。增加绿植屋顶铺装。在实现节能减排的同时也融入当地的自然环境。

樱花国际温泉谷

定位为藏区最大樱花主题园区，结合高山温泉等自然资源，形成集旅游、服务、居住、酒店等产业于一体的体验型精品度假区。策划亮点：

南立面

康定情歌城强调立体空间形态的层次，重复展现康定情歌城浪漫、梦幻的一面，激发游人的想象力，形成琳琅满目的吸引点，浸入式体验康定情歌文化、茶马锅庄文化、木雅文化。

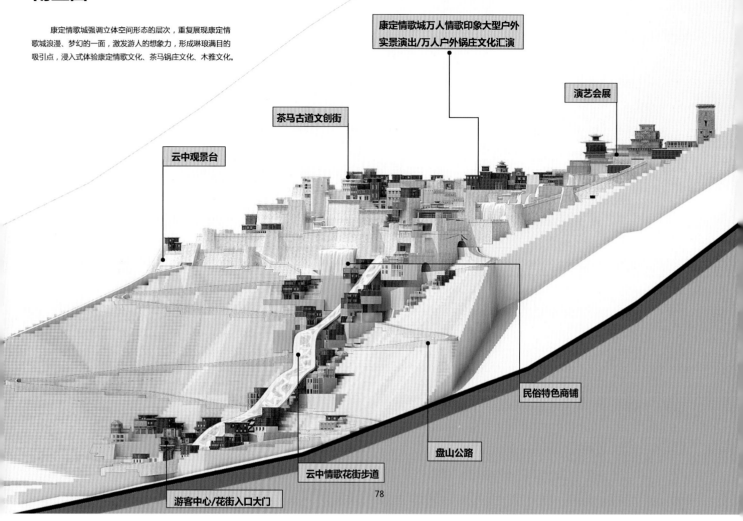

康定情歌城万人情歌印象大型户外实景演出/万人户外锅庄文化汇演

演艺会展

茶马古道文创街

云中观景台

民俗特色商铺

盘山公路

云中情歌花街步道

游客中心/花街入口大门

"樱花＋国际温泉谷"，以文化旅游和自然景观旅游相结合，营建最大樱花园，沿河岸樱花谷打造樱花社区；打造汽车营地、帐篷酒店等户外主题营地；以当地特色藏药为主体，打造藏药馆、藏药膳餐厅和藏药主题风情街等；依托山地运动主题公园，建成探险家民宿、探索露营地和探索俱乐部等。

贡嘎山冰雪世界

规划方案依托仙境般的"延绵雪山"核心资源，转化为最好的度假产品；以国际化为标准，提升服务品质，打造世界水准的国内顶级滑雪度假区：环贡嘎雪山观光，低空飞行胜地，高原特色登山运动大本营。在追求更高、更远的山之旅途中，这里的雪山将是一座里程碑。站上 6000 多米左右海拔，开启人生新高度；踏入雪线之上，感受高海拔低温和风雪；在陡峭雪坡中跋涉，体会每一步的艰辛和山野乐趣；在雪山顶部 360°一览群山浮云上的盛景。

一生一世露天温泉谷

规划定位为高端综合型一站式旅游度假目的地、全球最大的露天温泉浴场，营造绵延四千米长露天温泉带，再现黄龙世界级生态景观。以温泉为主题，以小镇和酒店为载体，结合森林、田园、水体等自然景观，同时，植入文化、养生和娱乐等功能，实现温泉度假酒店的特色化打造。面向多样客群，构建多样化深度式的温泉体验。

甘孜全域旅游需要有国际水准的项目支持，上述五个项目以国际水准、国际坐标系策划和设计，将共同组成康定情歌国家级旅游度假区，以此借助川藏铁路和川藏高速公路，使康定成为川藏线上最大的旅游集散地。上述五个项目将投资超过 150 亿元人民币，创造两万个就业机会，整体推动甘孜藏族自治州未来 5 年经济社会的高速发展，为四川乃至全国创造新的最有影响力的旅游目的地。

陈可石 绘

对话

曼荼罗宇宙观下的西藏传统建筑学

——对话陈可石教授

方丹青：陈老师，作为您的博士研究生，很荣幸可以和您进行一次关于西藏艺术元素探寻和鲁朗小镇的对话。对这次对话期待已久。时光飞逝，回想起九年前我刚入学时，西藏鲁朗小镇还处在方案阶段，九年后的今天，鲁朗旅游小镇工程已全面完工并投入使用，成为林芝重要的旅游景点。依稀还记得当时您在课上和我们描述鲁朗未来蓝图的兴奋场景。也许是那时候种下的种子，在决定博士研究方向的时候，我毫不犹豫地选择了"西藏建筑艺术元素"这个主题。今天正好借着《西藏传统建筑现代诠释》一书出版的机会与您进行一次关于西藏艺术的对话，了解您心中的西藏建筑艺术和鲁朗小镇设计的心路历程。

我想话题先从鲁朗开始。和您三次进藏考察，其中一次便是林芝鲁朗。到达的当天微雨蒙蒙，但依然无法掩盖鲁朗的美。蓝天、碧草、清溪、野花，以及草地上兀自悠闲的牦牛和劳作的藏民……，让人感受到的是一种内在、纯粹、与世无争的美。这种美，您用了"圣洁宁静"四个字来概括，并且将其贯穿在鲁朗小镇的设计中。"圣洁宁静"这四个字确实是对鲁朗现状的自然地理、人文地理之美最深刻的提炼。那对于鲁朗小镇——一个立足传统、面向未来的、具有功能复合性和文化复合性的设计对象来说，您觉得"圣洁宁静"意味着什么，又怎么对其进行演绎呢？

陈可石教授：丹青，我也很开心今天可以有机会和你做这样的一个探讨。鲁朗小镇从构思到今天已经接近10年，确实需要对这次艰辛但是伟大的西藏现代建筑艺术探索做一个总结和思考。

我提出的"圣洁宁静"，其实是我对西藏最直观和朴素的感受，它是一种"天、地、人、神"统一的状态下给人的一种强烈的美学感受。所以我就要求鲁朗小镇首先应该达到这样的美学境界。因此，我认为"圣洁宁静"应该是鲁朗小镇的灵魂。我们要将鲁朗小镇建设成为"世界屋脊的圣洁明珠，雪域高原的宁静家园"。这个定位是很重要的，我们创作一个建筑作品，是要为当地增色、加强当地的原有特色，在此基础上再去探索一些新的内容和形式。

我们在进行鲁朗小镇设计的总体构思时，为了实现"圣洁宁静"的美学境界，始终坚持围绕以下几个核心理念。

1.继承藏族建筑学，遵循藏式小镇的独特肌理，以藏式建筑为主要语言，将鲁朗小镇打造成为融合藏族建筑特色与现代城镇功能的旅游小镇。

2.保护原有自然山体，恢复湿地风貌，打造人工湖泊，并将水系引入小镇内，形成连续的滨水空间。引入若干小型广场作为公共交流空间，以当地最有特色的植物——桃花与杜鹃作为主要观景植物，塑造宜人的景观，形成自然的、生态的风貌。

3.规划设计上将鲁朗小镇和周边景观充分结合在一起，突显鲁朗小镇得天独厚的自然优势，以大地景观为背景，展现西藏广袤辽阔的豪情与雄伟壮观的美景。在小镇的核心地带设计湖泊。使游客沉浸在圣洁而虔诚的愉悦里，接受大自然的洗礼，获得美好的祝福。在建筑设计与景观设计中加强藏式文化元素符号的运用，在经过浓缩和提炼的藏族文化渲染下，形成神圣的氛围，使游客不仅缓解了身体的疲乏，亦被藏文化圣洁的、诗意的氛围所感染，精神也得到洗礼和净化。

4.从新技术、新材料和新方法的应用上，提升鲁朗小镇的城镇化水平，优化城镇功能，为游客提供一个高品质的休闲旅游环境，为城镇居民提供一个宜居的生活家园。整体上以藏族文化为主线，以大地景观为背景，开发多样化的旅游景点，配备酒店、会务、度假等功能，提供商务度假、特色餐饮、藏式康体疗养为一体的服务，为人们提供高品质的度假设施与环境，丰富人们休闲度假的内容。运用绿色材料和新技术，将西藏传统建筑进行现代化处理，建设既具地方风格又有时代精神的小镇新风貌。

方丹青：也就是要从宏观的山水格局、中观的系统比如水系、植物系统、公共空间系统等和微观的建筑设计、景观设计、功能设计三个尺度考虑，把鲁朗当地的自然地理因素和人文地理因素提炼成设计元素，比如运用西藏传统建筑语言、把西藏文化中重要的水元素和公共空间结合、将当地特有品种的植物造景再融入到规划设计中等等，从而营造出具有场所精神或者说圣洁宁静灵魂的景观和空间，但创造出的小镇又不是对传统的模仿，它的功能是符合现代生活的，外在是沿袭传统风格又有现代气息的，但精神内核又是代表西藏。这其实如果要做到还是比较难的。比如您说到的将藏族传统建筑进行现代化处理，其中的传统和现代，这在很多人看来似乎是一个比较难以调和的矛盾体。而这种地域景观的现代表达也是目前建筑界所热衷探讨的命题。对于现代与传统这一对矛盾体的处理，您是怎么看的呢？

陈可石教授：现代与传统的结合始终是一个非常重要的学术问题。实际上，传统与现代所表达的是两种不同的文明基础。我们今天所说的传统建筑学源于农耕时代人类所创造的文明。以中国为例，农耕时代有完整的宇宙观，这种宇宙观是经过数千年农业社会农耕文明的洗礼，农耕文明的世代传承，它是完整的体系，也是完整的客观上人类艺术创作活动的反映。工业时代伴随着科学技术的出现首先就打破了传统的宇宙观。也就是传统宇宙观被现代科学，特别是天体物理的出现所取代。

文艺复兴以后，自然科学作为一个重要的思想和技术，对传统的观念产生了巨大冲击，特别是随着工业文明的到来，形成了一种大规模机器制造时代的现代建筑美学。这种现代的科学观和新的世界观的出现、所有的进化使得现代建筑在表达方面产生了革命性的变更，最主要的代表是现代主义，在欧洲产生的包括维也纳学派，代表性的推动是密斯凡德罗，现代主义的早期设计师，这些设计师突出功能，强调功能，强调使用，强调节省的工业化顺应了上个世纪早期工业化所带来的需求，特别是二次大战以后人口的增长，密斯凡德罗最著名的观点就是少就是多，代表现代建筑的出发点就是肢解，这也影响了整个建筑的制造工艺和人类对建筑审美的习惯。曾经有一段时间特别是二战以后风行一种极简主义，极简主义的泛滥导致了大规模建筑语言的平淡。后工业时代之后人们对装饰的意义又重新进行了反省，并不是越简单越好，而是要适度的装饰。

方丹青：所以不管是古典主义、现代主义，还是后现代主义，表面上是建筑风格的改变，本质上是宇宙观和宇宙观影响下的美学观的改变。人类文明在早期对神的崇拜转向到对科学和技术的崇拜，对美的认知也跟着改变。我在本科阶段听到比较多的观点就是功能主义、极简主义是对的、是好的，或者说是更高级的一种审美。而现在随着经济和社会发展，社会的话语体系和价值观又有了新的变化。我们与传统文明不再是对立的状态，有了更强的文化自信，于是重新认识到传统地域建筑和地域景观的价值，无论是从文化多样性的角度还是从文化精神符号的角度，亦或是从文化消费的角度。特别是对于旅游小镇而言，它本身就具有观光游览的属性，这就决定了在处理旅游小镇时如何把传统的建筑学和当代的建筑学相结合是旅游小镇设计的一个至关重要的问题。旅游小镇不仅要让游客看到传统的东西，还得让游客看到传统在当代是如何表达、创新的，否则就只是看古董的赝品，没有生命力和艺术价值。在这一方面，欧洲和日本有很好的实践，比如京都岚山的旅游小镇，保留了日本传统古镇的格局、肌理和建筑风格，但功能已经得到置换，承载了现代的旅游功能。您曾经聊到过您在爱丁堡求学期间游遍了整个欧洲，在游历的过程中是否有给您印象深刻的例子或者说值得学习的经验呢？另外对于这个命题有没有什么可参考的理论？

陈可石教授： 其实欧洲旅游小镇的做法和你刚才提到的京都岚山的例子类似，主要就是外部形式上保持传统，比如英国约克古城，瑞士的琉森，德国的海德堡等。当然也有不同的地方，比如像海德堡这样的城市它的外部完全保持了传统，但是它的室内部分体现了比较多的现代，也就是说它在处理的时候外部形式保持传统，内部空间保持现代。另外一种方式是在传统的建筑学里面注入现代的元素把传统建筑适度的进行简化，运用新材料新技术，如把传统的瓦屋顶改为金属屋顶，传统的木结构窗户改成铝合金窗，传统的手工石材改成机器石材，是比较通行，比较常见的做法。

其实理论没有太多的可以解释，因为理论方面的探索总是跟随在实践成功之后。设计有时候就是一种感觉。每个案例都有每个案例的总结和研究。所以我在处理鲁朗小镇传统与现代之间费了很多思考，应该说整个建筑的设计难点就在这里。比如我们有一栋建筑是游客中心，从一开始的建筑设计到接近最后的方案逐步做了二十多次。这二十多次并不只是设计方面的困难，还有在处理它的地理位置重要性和现代功能等多方面，对设计师是一个极大的考验。其它建筑也同样。如果说回到传统也不难，传统的工艺用机器加工或者手工都可以做到，所以这个其实并不难。现代化很多情况下是复制，复制一个现代化的东西应该不会

很困难，困难的是在现代与传统之间的取舍、揉合、再创作。所以鲁朗小镇设计的过程反反复复难点就在这，但如果没有难点这个设计就没有太大的挑战，没有挑战实际上对于设计师来说创造的可能性原创性就会降低，所以在建筑设计上这三个方面是非常重要的理念，我不认为我们现在已经完完全全把握好了。

方丹青： 所以对于现代与传统这对矛盾的处理，看来还是要多实践。但我觉得还是有一定的方法可依循的。比如我知道您在做设计前，第一步就是对鲁朗的人文地理和自然地理的特殊性加以深入的研究，包括对很多传统的建筑构造方式、材料、工艺的研究，还有对西藏历史、宗教、风俗等的探源。

陈可石教授： 没错，扎实的基础研究是必须的，也是进行设计创作的前提。鲁朗小镇最大的挑战就是创造一个具有现代和藏族的旅游小镇，风格定位非常重要，因此在项目设计一开始我们用大量时间来研究西藏传统建筑艺术元素、西藏的人文地理，以非常谦虚的心态，系统地研究西藏传统建筑学的源流。

对西藏的研究，我其实很早就有接触。2008年在设计汶川水磨镇时我们对阿坝、甘孜、丹巴和当地嘉绒藏族风格进行过研究，也对阿坝地区、甘孜州的藏族民居和宗教建筑进行过详细的调研。开始鲁朗小镇的设计以来，我把整个藏文化地区调研作为对传统建筑考察及设计一个非常重要的基础。对林芝地区藏族传统建筑的调研，重点是鲁朗周边的村落，特别是扎西岗村、纳麦村、罗布村等地的建筑都做了逐一的调查。林芝传统建筑学是鲁朗小镇设计的基础，然而日喀则和拉萨地区包括山南地区的建筑调研却给我一个很大的启发。

方丹青： 要把整个西藏地区的建筑类型和风格调研完全，工作量还是挺大的。不同地区的西藏建筑特别是民居，为了适应当地的气候环境特点和生活方式，在结构、材料的使用和构造的处理上会有很多的不同，比如拉萨、日喀则

地区以土木石材料为主的平屋顶内院回廊式、林芝地区的坡屋顶木板房和井干式建筑、昌都地区的碉房式等。我在研究西藏文化的时候发现一个基于人类学"文化圈"理论的概念叫"藏传佛教文化圈"，它将藏传佛教对外的传播分为内层、次层、外层三个区域，以拉萨、日喀则和山南为中心的卫藏地区是整个文化圈的核心区域和文化中心。所以从这个角度看，对拉萨、日喀则和山南建筑的研究也是非常重要的。无论西藏的哪个地区，这个文化中心对它们的影响都根深蒂固。那您对这三个地区建筑的研究，会有不同的侧重吗？或者说这三个地区的建筑艺术对您是否有不同的启发？

陈可石教授：我在不同的地方确实汲取到不一样的艺术养分。比如日喀则最让我震撼的是它的古城。我前前后后也设计近二十个古城，但是像日喀则古城这么漂亮、这么有艺术性是极其少见的。我在拉萨的一次演讲当中也隆重地推荐了日喀则古城，从日喀则古城可以看到藏族建筑学的奇特魅力，它们是一种天生的，一种天性的空间艺术创造力，我相信在藏族人的血液里面就有一种对空间、对色彩、对光的一种理解，给人带来极大的震撼，每一条小街小巷都十分美丽、非常的有艺术感。

方丹青：我觉得这是藏民族集体审美观在建筑与城市艺术上的体现。走在日喀则古城你会觉得是走在西藏的历史、文化中，走在他们的艺术世界里，是很美妙的体验。您在指导我的博士论文时，首先就是提出把西藏传统建筑艺术解构成一个个的艺术元素，比如您说的空间、色彩、光等等。这其实对我进行西藏建筑艺术研究很有帮助和启发。因为对于一个非藏族人来说，我刚开始接触西藏的这些建筑和城市景观，除了新鲜以外，其实是混沌的、朦胧的，从感性认识到理性分析这个过程找不到工具。但对传统西藏建筑艺术的元素化解构就给了我很好的方法和切入点去理性解读它。

陈可石教授：鲁朗小镇的设计，就是基于对传统西藏建筑艺术元素的深入理解。大昭寺、布达拉宫是藏族建筑学最重要的代表，是研究西藏建筑艺术元素的重要案例。从大昭寺、布达拉宫里面可以看到藏传佛教建筑学经典的做法。在空间方面，大昭寺所展现的建筑学和建筑艺术元素是非常震撼人心的。大昭寺围绕的是八角街，八角街的历史加上周边的小街小巷构成了西藏传统城市空间的经典，特别是那些大的宅院和街道的关系，没有一个是重复对称的，没有一个是和别的院落相同的，这就反映了西藏城市空间的独特性。大昭寺和街道空间周边没有一个是正南正北，它每一个院落和另外一个院落都有一定的角度，这个和它的经堂有关，它的经堂面对的方向不是同一个方向，每一家都有自己独特的选择的朝向。从空中纵看大昭寺周边的城市空间，是非常有艺术感的，就像我们手背上皮肤的裂纹，或者一种大自然催生的图案。通过对这些案例和调研的理解是我们设计成果的基础。扎什伦布寺也非常漂亮，特别是外部空间，哲蚌寺和扎什伦布寺都在山坡上面，它们的建筑空间感和大昭寺有所不同，它们更接近于自然，更有起伏和变化，在装饰和色彩方面有更多的做法。

方丹青：您能再详细聊聊对布达拉宫的感受吗？您一直和我强调要着重对布达拉宫的研究，因为它是西藏官式建筑的典范。您也曾在各种场合表达出对布达拉宫的热爱。我记得曾经有一次您就带着我在那里待了一下午，仔细研究这个建筑空间的方方面面，让我直到现在都对它记忆犹新。布达拉宫在您的西藏建筑艺术研究过程中是否有给您特别的启示？

陈可石教授：布达拉宫给我的印象是有很强的艺术性，我参观过世界上很多的宫殿，英国的白金汉宫、法国的罗浮宫等，没有一个宫殿是像布达拉宫这样壮丽、有艺术震撼力。在2011年的时候，布达拉宫还没有限制人数，参观也比较自由，我几乎在布达拉宫呆了一整天，在这一天时间中，我上上下下布达拉宫很多次，理解布达拉宫艺术魅力之所在，白宫的那个入口我觉得可以称得上是藏族建筑学的经典，一个楼梯上去一个厅，中间十根柱子然后周边是壁画，入口有牦牛编的毡子作为窗帘、门帘垂下来，每次去布达拉宫都会长时间呆在这个厅和里面的那个厅里研究。白宫的入口空间非常值得反反复复地研究，它的光、颜色、壁画、图案、空间的组织、尺度、装饰，我认为这些东西都是构成西藏建筑学的基本艺术元素。回来后我总结了西藏建筑艺术的四大元素——光、色、空间和图腾。

方丹青： 原来您把西藏建筑艺术抽象成光、色、空间和图腾四种元素的灵感是源于布达拉宫啊。我现在闭着眼就能回忆起白宫的那个入口空间的设计。从白宫东大门起始到东有寂圆满大殿有一段设计精巧的序列。这个空间序列有起有伏，有抑有扬，有收有放，有重点和高潮。它通过空间元素建筑语汇勾勒出空间路径的节奏性和秩序性。比如在高潮前会铺设一系列相对收缩的小空间。相毗邻的两个空间，体量相差悬殊，当由小空间进入大空间，或由封闭空间进入开敞空间时，人的视野突然开阔，引起心理上的突变和情绪上的激动和振奋。在行进的连续过程中，感受到由于某一形式空间的重复与变化而产生一种节奏感，形成了布达拉宫富有韵律的空间序列。

陈可石教授： 除了"空间"的设计，白宫在"光"、"色"、"图腾"元素方面的应用也非常值得借鉴。西藏传统建筑一般对入口空间都比较重视，这从白宫入口空间的用光、用色、图腾装饰语汇的应用便是极好的佐证。比如对于白宫东入口门厅和白宫主楼门厅的处理，都利用单侧大门洞进行采光形成灰空间，空间内的柱子选用大直径，并均采用复杂的十二柱角形式，同时在内部饰以细腻的绘画与雕刻，三面作大幅彩色壁画，用色上除传统的红、黄、蓝、绿等色外，甚至用高等级的金色进行图案描边，给空间加入绚丽的视觉感受。所以在空间体验过程中，这两个门厅均立即从整体空间序列中跳脱出来，彰显其作为主要空间的重要性。而从细节上看，白宫主楼门厅又比白宫东入口门厅具有更高的等级。比如前者在柱数上使用了4 柱，使空间面积更大，同时装饰更为繁复，图腾主题更丰富，雕刻的比重更大，金色的使用也更频繁。同样，白宫主楼的东大殿空间也利用光、色、图腾建筑语汇，更突

显其主要性和高等级。比如大面积密集柱网排布，利用天窗高光塑造神圣空间，空间用色丰富，善用小色块的对比强化装饰的细腻，以及用大幅壁画和精致彩绘装点室内每一个角落。

方丹青： 对，白宫围绕"空间"这个贯穿始终的主元素，在空间的组织下，用光的明暗对比和过渡、与肌理相结合的色彩表达方式、图腾的点缀与变化统一，营造出一个涅槃、寂静、庄严、殊胜的精神世界。

想起您常说，西藏的建筑设计要强调对"精神空间"的塑造，我觉得西藏"精神空间"的塑造，就可以从西藏的光、色、空间、图腾的塑造角度入手。后来我再去看其他宗教建筑，都会从"精神空间"的塑造方法这个角度去思考。比如同是佛教文化的汉传佛教寺院空间，它们用来塑造精神空间的元素特征便与西藏建筑完全不同，更多的是内在禅意的营造，没有西藏宗教建筑的热烈、直击人心。当然这也和西藏强烈的日照、提炼色彩的矿物原料、高原的气候、长久的集体审美倾向有关。所以我常感到，"光"、"色"、"空间"、"图腾"四个词虽然看似简单抽象，确是概括了西藏传统建筑的艺术构成。

方丹青： 提到西藏建筑的精神空间，想接着和您聊聊曼荼罗宇宙观。曼荼罗宇宙观与西藏传统建筑学是我博士期间主要研究的课题，根据之前的研究我提出了一个基本假设："曼荼罗宇宙观与西藏传统建筑的文化内涵具有某种关系，这种关系影响了西藏传统建筑的艺术元素表达。"对此不知道您是怎么看的呢？

陈可石教授： 曼荼罗宇宙观是藏文化群体对世界总的看法，是他们构建世界的理论体系。从曼荼罗宇宙观视角出发对西藏传统建筑艺术元素进行研究，不仅是对西藏传统建筑艺术的深入解读，也是对地域建筑艺术在现代语境下如何传承之问题的基础研究。根据我的经验，你的假设应该是成立的，曼荼罗宇宙观与西藏传统建筑学的确存在着某种联系，我看到你从两个方向去研究这个课题，一是

从曼荼罗宇宙观视角审视西藏传统建筑艺术的文化内涵，二是总结曼荼罗宇宙观对西藏传统建筑艺术元素表达的影响，包括对艺术元素的意义和建筑学手法表达的影响，通过这两个方面的研究去理解、继承和发展西藏传统建筑学，是个不错的研究尝试。

方丹青：我研究发现，"曼荼罗"一词是藏传佛教哲学理论和实践的一个核心概念。佛教密宗中的"曼荼罗"概念起源于印度密宗。表达了一种获得宇宙真理的圆满状态。同时，"曼荼罗"也被认为是"证悟的场所"，是佛菩萨的净土，是中央本尊和周围眷属的法座和住所，因此还带有了一定的空间属性。从大类上分，曼荼罗可以分为象征佛自证之精神世界自性曼荼罗、象征体证佛我合一境界之次第的观想曼荼罗、象征理想佛国之形象、与神交通之道场和佛我合一之状态的形象曼荼罗。曼荼罗在藏传佛教中的主要功能之一是通过"象征"这个方式来帮助修行者进行藏传密宗修行，并展现宇宙图示和宇宙的规律与法则。所以它其实体现了西藏很重要的象征文化。

陈可石教授：你提到的形象曼荼罗，表现形式之一就是西藏传统建筑，值得好好研究一下。形象曼荼罗是曼荼罗宇宙观的艺术化外现，也是你说的西藏象征文化的表现。你去看每一个曼荼罗图案都具有基本形制和结构特征，并展现出例如中心性、等级秩序性、轴线对称性等艺术特征。借用"外曼荼罗"来修自己的"内曼荼罗"，最终悟到万物本所具有的"自性曼荼罗"，这也是形象曼荼罗艺术的最终目的。西藏传统建筑作为形象曼荼罗的重要门类，也蕴藏了曼荼罗宇宙观的全部哲学内涵，并利用象征的方式通过建筑的艺术元素表达内涵、传达意义。特别是西藏的宗教建筑，甚至可以说是藏传佛教艺术之始。它虽然是为宗教服务，但蕴涵了积极追求人生幸福的审美感情。当人置身于建筑中朝拜礼佛、进行宗教仪式时，就会产生一种人与佛、人与宇宙合二为一的崇高感情。

方丹青：通过对形象曼荼罗的研究，我发现了作为藏文化核心的曼荼罗宇宙观是怎么与西藏的文明发生连接。它利用象征的方式，通过平面曼荼罗艺术的图形、色彩、符号元素和心性的参与表达其完整的哲学内涵，反映在建筑上就是光、色、空间、图腾元素的构成作用到人的心性产生某种化学反应，最后呈现出的就是与佛教义理相匹配的西藏建筑审美观，它是在基于"涅槃"的本体美之上，所表现的庄严美、寂静美、殊胜美。所以通过研究曼荼罗，能找到潜藏在西藏建筑艺术表象下深层次的西藏宇宙观、审美观。

曼荼罗宇宙观下"光·色·空间·图腾"四大西藏建筑艺术元素的地域性表达

方丹青：陈教授，我们刚刚聊了"光"、"色"、"空间"、"图腾"四大元素在布达拉宫中的表现方式，又聊了曼荼罗宇宙观的哲学概念，接下来我想和您探讨的一个话题是，您觉得曼荼罗宇宙观下的建筑学与我们所学的中原建筑学有什么不同？还想和您聊聊曼荼罗宇宙观和这些艺术元素的呈现方式之间的关联性。

陈可石教授：你提出的这个话题也是一个很好、很重要的研究课题。，曼荼罗宇宙观下的西藏传统建筑学与我们一般强调功能使用的建筑学最显著的不同点在于，它的核心目的是为了创造具有曼荼罗哲学内涵的精神空间，精神性是它的本质特征。这也是曼荼罗建筑学的最大特征。西藏传统建筑是一座座立体曼荼罗，是为了表现曼荼罗宇宙观的内涵，在这个基本理念的基础上利用各艺术元素去雕琢、塑造建筑形态。那么，光、色、空间、图腾这些元素就不仅仅是一个视觉美感意义上的东西，它们也是作为带有某些深刻文化内涵的心理符号、精神符号存在。在历史发展过程中又会形成一些特定的建筑手法，这些建筑手法的应用会让你觉得它具有强烈的西藏建筑地域风格。这是我研究西藏建筑时很感兴趣和一直在研究的东西，对我设计鲁朗小镇起到了很大的帮助。

方丹青：对于光、色、空间、图腾元素的曼荼罗意义，我最近也有做了一些研究，正好借这个机会想和您分享。我首先研究了"空间"，因为作为建筑来说，空间是最核心的元素。从曼荼罗的角度看，空间这个概念也承载了最重要的宇宙观内涵。藏传佛教有自己的空间观，包括须弥山、三千大千世界和三界等思想，它们描绘了世界的构成和理想佛国的形态，作用到现实世界的路径就是用建筑曼荼罗将人体与宇宙建立连接，这就影响了西藏传统建筑的空间形态、结构和秩序。

从构建曼荼罗精神空间的目的出发，西藏传统建筑利用"空间"元素在单体和群体中的组合和组织表达出曼荼罗式的美学特征。再看"光"，光元素先天就会带给人的神圣性，全世界不同的宗教建筑都会利用光去营造神圣氛围。从曼荼罗宇宙观角度看，光在藏传密宗中被认为与心有着本质的联系。它认为心性的本质是光明，心性呈露时会产生光明的宗教感受。这作用到心理上就是对光的顶礼膜拜，因为光不仅带来的光明，更代表了无上的智慧和空性的本质。在这里光不只是一种物理现象，更是一种来自理想佛国的启示和招引。因而光在西藏建筑中多了一分比其他地域建筑更为浓重的精神色彩。对 "色"而言，在西藏，每个颜色的背后代表着深奥的佛教义理，对色的运用也是对佛教义理的宣扬。西藏的图腾是一种对佛虔诚信仰的表达方式，传达着图腾背后的隐喻性或象征性含义，代表佛陀的某种特征，或象征圆满、清静、美妙、吉祥、和谐等。所以图腾装饰是一种有意味的建筑装饰符号，承担了物质和精神两方面的功能。

陈可石教授：这些都是很好的研究发现。只有理解了元素背后所表达的宇宙观内涵，才能真正理解西藏建筑、西藏艺术，才能创造出真正属于西藏自己的当代建筑。此外，我建议你还应该多探讨一下除宇宙观外西藏的自然与人文地理因素对建筑元素表达的影响。比如说对西藏建筑的用光而言，由于西藏地处青藏高原，海拔高，空气稀薄，尘埃和水汽含量少，透明度高，所以阳光辐射能和日照数远

多于我国同纬度其他地区。这就导致西藏地区的建筑有着充沛的日光来源，且光线强。虽然西藏并不缺乏自然光，但是因为气候以及温度的影响，所以对窗的开洞量就要有一定的控制，并且需要善于巧借大门、楼梯、庭院等其他方式进行采光。这在客观上决定了西藏传统建筑的精准而有节制的用光艺术特点，从而使得光亮和阴影形成鲜明对比而产生了一种富于魅力的戏剧性。西藏建筑的用色也因为特定的自然环境、气候特点以及受到其特有的宗教信仰和民族习俗的影响而形成了自己独特的色彩审美文化。藏民很早就学会从自然界中提取出颜料，并在使用中建立起对这些色彩的理解和认识。由于藏民所生活的高原空气干燥稀薄，含氧量低，使得自然界的蓝天、白云、青山绿水色彩都以一种纯净、艳丽、热烈的形式展现。这种色彩感知直接影响了藏族对色彩美感的认知。其次由于气候严寒，藏族建筑色彩通常采用暖色系，且在材质上多使用木材、石材、砖等让人感觉温暖的材料。西藏的图腾纹样不仅受藏传佛教影响，它的文化其实可以追溯到西藏的原始苯教，并融合了周边地区的文化艺术。西藏建筑的空间就受自然和人文地理因素影响更明显了。你看除了前弘期的桑耶寺、托林寺和早期的大昭寺是严格按照曼荼罗空间形制建造的，后来的寺庙寺院为了方便使用，开始依据西藏的气候、地形、寺院组织与等级制度以及当地的民俗文化进行变型，用更为抽象的方式对曼荼罗宇宙观进行表达和象征。

方丹青：是的，结合曼荼罗宇宙观和西藏的自然人文地理因素一起考虑，才能更全面地把握艺术元素的内涵。我觉得这是一个博大精深的课题，我博士阶段一直在研究，觉得也只理解到一些皮毛，特别是与藏传佛教哲学思想相关的内容，那真值得一辈子去研究。所以回到我们专业内熟悉的话题，您觉得西藏建筑学中的"光、色、空间、图案"艺术元素的呈现方式或者说建筑语汇有哪些，有些什么可以总结的地域性特征？

陈可石教授：可以总结的特征很多，我讲几个比较典型的，你也可以来补充。比如在空间上，西藏传统建筑的的

空间单元用的是柱网结构，这种柱网结构形成便于标准化的空间模数。一　栋建筑无论面积和层数为多少，无论是外形较为简单的单层佛殿还是体量复杂的宫殿建筑，都是由一个正立方体模数的倍数组成，形成不同开间、进深和高度的空间。有一个专门的术语来描述这种空间类型，叫"方室"。在这种柱网结构、空间模数和方室单元基础上，西藏传统建筑形成了实体式、天井式、廊院式、都纲式等建筑空间类型。

方丹青： 我觉得都纲式是最具西藏地域特色的空间特征。这是一种具有浓郁藏地特色的建筑营造法式，主要指西藏寺院建筑中经堂的做法，基本建筑形制是经堂空间为一层，内部柱子纵横排列形成柱网，中部凸起的方形空间通高二层形成天窗，在天窗的东南西三侧开窗采光通风；部分天窗周围环绕廊道和房屋，平面形成"回"字形。它形成了一种表达宗教意境的程式化规制，彰显出一种高于自身形式的逻辑原则。

陈可石教授： 西藏建筑的空间特征还体现在它的空间结构上。西藏传统建筑的空间组合方式，是以适用为原则，以某一主要功能性房间为主，周围布置其他次要用房，组成一个单元组合或一栋建筑，主从关系明确。若需要安排的功能空间很多，如大寺院这样由数个措钦大殿、扎仓、拉康和众多僧舍组成的占地面积很大的建筑群，在空间结构上以数个大小不一的建筑单体组合的方式，随地形和周围环境因地制宜有机布置，之间没有轴线对称关系，但会按均衡的原则布局。各建筑之间形成一个高低错落、大小相间、相互关联又各自独立的有机整体。在空间结构上，它用方形空间的组合叠加形成须弥山意象，然后利用环形和序列性的空间路径组织建筑单体，给人以向神圣中心逐渐靠拢的心理审美感受。

方丹青： 我是不是可以这样理解，因为体现精神性是西藏传统建筑学的核心目的，所以对于西藏传统建筑而言，每一个建筑单体是一个完整的曼荼罗，由建筑单体组合而成的建筑群又是由多个曼荼罗嵌套而成的独立曼荼罗。在用

光、用色和图腾装饰上，也都是为了塑造这样的"精神空间"而服务。

比如在"光"元素的使用上，通过不同采光方式的应用和光影的设计塑造物质空间，引发审美体验的神圣感，实现对"心"的光明的象征。手法包括利用窗、门、天井庭院或梯井等采光方式控制光亮，实现室内亮度的控制和室内外不同程度的明暗对比，区分空间的主次性；利用高侧窗和顶窗采光实现上亮下暗的竖向渐变光，打造神圣的核心空间，强化空间的中心感，并对空间中心重要元素进行强调；利用光线引导人在建筑中的活动，形成回字形或具秩序感的序列活动路径，通过身体的活动和知觉对光的感受强化"轮回"的佛教意象或营造向神圣中心逐渐靠近的心理体验；利用光在窗洞、门洞区域的漫反射和光影在空间介质上的缓慢变化营造静谧、涅槃寂静的空间氛围等。这些都是我观察到的西藏传统建筑中光元素的建筑语汇。

陈可石教授： 研究艺术元素建筑语汇的时候，你把握的这个重点很对，就是从如何构建"精神空间"、如何反映曼荼罗宇宙观这个角度去总结。后者是西藏建筑的"神"，前者是呈现出来的"形"，把两者统一才能神形兼备地把握它。从这个角度看，"色"元素的主要作用是通过单色和组合在建筑内外部的应用象征宇宙的组成和背后的藏传佛教义理；"图腾"元素的主要作用是用某些图腾符号代表佛陀的特定特征，使人与曼荼罗理想世界取得某种精神上的联系。你可以同样尝试总结一下他们在此基础上的建筑语汇有哪些。

方丹青： 我目前总结的色元素的建筑手法包括通过白色在外墙面的大量应用营造圣洁宁静的建筑意象；通过红色和黄色在建筑群中局部外立面的应用区分所在建筑空间的较高等级性；通过金色在屋顶的应用体现核心建筑的无上尊贵和神圣；通过不同色相、明度、纯度和形状、大小、位置、肌理的红、黄、蓝、绿色在室内的组合变化，营造或安静、或强烈、或神秘、或殊胜的空间感受等。图腾元素

的建筑手法包括采用均衡与对称、变化与统一、节奏与韵律等艺术形式法则组织各种图腾纹样，以呼应曼荼罗中蕴含的完整、圆满的哲学理想；利用图腾在建筑结构、构造上的装饰多寡、式样、方式体现所处空间或建筑的等级，呼应曼荼罗宇宙观的等级秩序性；利用象征、寓意、表号、文字等方式建立图腾的图案形式与意义之间的关系，辅助人对藏传佛教文化和义理的理解并实现吉凶转化；在图腾程式化和规范化的题材、形式、色彩下融入创作主体的观念意识，使其具有个性化特征，实现创作者与曼荼罗宇宙观的思想互动等。

陈可石教授：你总结的这些建筑语汇是很好的研究起点，我基本是认同的，以后希望你可以把新的观察和新的研究不断加到这个建筑语汇库中，不断地丰富、完善它。同时，我要提醒的一点是，空间、光、色、图腾四种元素在使用上并不是完全割裂存在的。各部分虽然看似各自独立，但相互具有紧密的联系。比如光元素语汇的表达离不开建筑的空间结构，色元素语汇又常常以图腾作为载体，色与图腾为空间赋予更多的文化内涵与审美意义，而空间、色与图腾只有在光作用下才能被感知并具有更丰富的表现力。这其中，各艺术元素建筑语汇以空间为核心进行组织，表现出秩序性、等级性、向心性的美学特性，让人通过自己的身体在建筑中的体验，将物质空间作用于心理空间而产生。所以艺术元素不仅要分开研究，还得合在一起研究。

方丹青：所以通过各元素建筑语汇的综合运用，西藏建筑最终能够对曼荼罗宇宙观进行象征，创造出带有涅槃、庄严、寂静、殊胜之美的艺术空间。从鲁朗小镇最后的方案设计和最终效果中也可以看出，"光"、"色"、"空间"、"图腾"是您是一直贯穿于鲁朗小镇设计中的四大艺术元素。

从"女魔图"到西藏空间艺术

方丹青：而另一个您贯穿始终的设计灵感，应该是"西藏女魔图"吧？您对"西藏女魔图"如此重视，它在西藏建筑学中是个什么地位，对鲁朗小镇的设计是否起到过什么作用？

陈可石教授：传说由文成公主绘制的拉萨平面图叫"女魔图"，这个"女魔图"把拉萨的平面比喻成一位女性的身体，大昭寺是她的心脏，布达拉宫、小昭寺和其他的寺庙都分布在女娲的五脏关键位置，在手脚和头部的关键位置都放置了一个寺庙，根据"女魔图"的解释是她要镇制住这些妖怪。我从建筑学的角度来理解，这些重要的寺庙恰恰是西藏最重要的精神空间，这个女魔图表现出一个很重要的概念就是宗教建筑和它的公共建筑，寺庙在城市空间当中起到一个重要的标志性作用，我理解它应该是叫作"精神空间"，剩下的就是普通的民居。

女魔图所表达的拉萨，完整的表达出一个城市的总体形态和要求。一个城市的美应该是由它重要的建筑构成一种精神空间的系列，从女魔图的构图可以看出西藏的传统与精神的空间是至关重要的。西藏人在建设城市的时候他不仅仅认为城市是一个人类活动居住的场所，而是一种人和神共同享有的一种城市空间。大昭寺是城市的中央，城市的道路从大昭寺开始放射出去，但它又不是那种放射性的集合。布达拉宫非常巧妙的利用了山体，它是从一个平地突然升起的一座山丘。在女魔图规划的时候布达拉宫应该还是一个很小的部分，后来达赖五世大规模的扩建再加上七世到十三世达赖喇嘛不停地营造，最后红宫、白宫建成到今天的规模，这前后经历了有五六百年的时间。大昭寺、布达拉宫成为一个政教的中心。我们在设计鲁朗小镇的过程当中，对空间这个方面，是非常的谨慎和小心，因为空间是一个城市形态的主要构成，鲁朗小镇的设计很大程度上来说是女魔图提供给我们对于空间的理解和不同的角度思考。

西藏传统建筑研究

方丹青： 女魔图代表的是藏人在城市尺度对 "精神空间"的认知。如果再看更小一个尺度的建筑层面，像布达拉宫、大昭寺这样的宫殿、寺庙建筑和西藏的民居建筑，在建筑语言上又会有不同的侧重。我们之前聊的一些地域性的建筑手法，更多的是存在于宫殿、宗教建筑中，我的研究重点也主要集中在这个范畴。此外，我们可以做些什么研究呢？

陈可石教授： 你说到的是西藏传统建筑学的两个范畴。从传统建筑学来说，基本上是包括两个主要点，一个是古典建筑学，主要是宫殿、庙宇、庄园建筑，在西藏的典型代表是大昭寺和布达拉宫，这样的建筑表现了贵族社会的审美和宗教建筑艺术。另一个是民间建筑。我们往往会忽略民间建筑的价值。我在日喀则、甘孜州发现很多极为漂亮的民居，这些民居非常朴实、简单。我觉得有兴趣可以去研究一下西藏建筑艺术的源流与嬗变。西藏古典建筑学的形成主要来源于两个方面，一个方面是喜马拉雅山以南，包括印度、尼泊尔等地以石材为主的建筑学表达。这条线可追溯到古埃及、古希腊。另一个非常重要的来源是中国内陆，特别是唐宋以后经丝绸之路、敦煌引入的代表中原的建筑学特点，主要表现为以木结构为主的表达方式，包括柱式、色彩和围合的空间形式。西藏的壁画很大程度上融合了敦煌壁画的传统，形成了以唐卡为主的表达方式。木结构的表达和中原较为接近，我认为它更接近于汉唐时期的中国建筑学传统。西藏的宫廷式建筑的柱式非常漂亮，它的表现力、艺术魅力都非常大，很多柱式是倾斜的，可以看出早期汉代中原建筑的一些做法。我曾经参加了敦煌古城的规划和设计，有机会详细研究敦煌的建筑和壁画，其与西藏建筑的联系非常紧密，也非常值得研究，说明历史上中原佛教和藏传佛教的渊源也非常深远。

方丹青： 中原建筑对西藏建筑风格的影响与早期吐蕃王朝和中原文化大规模的交流有密切的关系，包括中国文成公主、金城公主进藏对藏文化和汉族文化交流带来的影响。

陈可石教授： 另外在唐代中期，中原大规模的灭佛运动导致大量的佛教徒移民西藏、甘肃敦煌一带，再移民丝绸之路一带，随后丝绸之路文化的衰落导致西北丝绸之路、甘肃敦煌等地的藏民、汉民移民到吐蕃即现在的西藏。这样的宫廷建筑带有很大的丝绸之路痕迹，实际上更多的是装饰上带有汉唐中原建筑学的遗风，如门窗的做法。明清中原建筑学特别是宫廷式建筑、宗教式建筑对西藏建筑的影响比较大，特别是屋顶，中原木构屋顶的运用在西藏的典型代表就是大昭寺和布达拉宫的金顶，大量采用重檐歇山的做法，但是为何没有采用庑殿顶、重檐庑殿顶，我一直在观察，中国传统屋顶的其它形式在西藏都有，唯独庑殿顶没有，这是让我非常好奇的地方。

还有一个有趣的现象，西藏建筑的主体并不是木构，而是石材墙体，最经典的就是布达拉宫。西藏建筑的魅力在于它融合了东西方的建筑传统，但更重要的是它的创造，两种建筑形式和西藏地理环境融合在一起的创造，构成了西藏传统建筑学的主体，形成了西藏建筑学的特点，这是分析西藏宫廷建筑时值得关注的。宫廷建筑语言中有一种庭院式的建筑，典型代表是拉萨的老城区，形成了西藏传统建筑学的重要部分，这些建筑有着独特的体量，或巨大或倾斜的墙体，向上收分，彰显了西藏传统建筑学的美学特征。所以可以看到，西藏建筑是和外来文化相互影响、相互交融的物质呈现。

方丹青： 说回到鲁朗小镇，如果说对西藏传统建筑语言的研究是基础工作，我觉得传统建筑语言的转译是一个更为艰巨的任务。如果完全仿照传统建筑做就缺少了建筑的时代意义，而如果只求创新则又可能失去了西藏韵味。所以您对这方面是否有好的解决方法？

陈可石教授： 鲁朗小镇的建筑设计我提出过三个主要的理念，地域性、原创性与艺术性。首先地域性。鲁朗最尊贵的地域特征就是它是西藏林芝工布藏族建筑学的反映，我在考察工布藏族建筑学的时候发现它是一个完整的语言。在林芝地区这种工布形式传统建筑学主要表达在民居房，就是前面提到的扎西岗村，拉麦村，罗布村，这种地方没有皇家的建筑也没有大型的宗教性建筑，我们在林芝鲁朗周边看到的主要是民居的部分建筑，但是这部分建筑是整个小镇的基础，它是我们整个小镇建筑学的支撑，是地域性建筑学的代表。。林芝的建筑语言方面比较接近不丹，这是非常重要的发现，不丹有完整的宫廷式建筑、宗教建筑和民居建筑应该说它的建筑语言更完整。我在不丹考察的时候感受到如果说一个完整的建筑语言体系还保留到现在的话，那就是不丹，对不丹的考察是我们确定鲁朗建筑语言的一个很重要的步骤，特别是在屋顶的形式方面，不丹的屋顶形式是非常丰富的，它的屋顶形式有它完整的一面，在形态的确定方面，屋顶毫不夸张的说占了一半的比例，可以说选用什么样的屋顶是决定了整个形式的发展、形式的表达和整体的走向。

方丹青： 我也参观了好多援藏的项目，包括在拉萨，林芝的很多项目，其实设计师都希望带一定的地域性但是结果恰恰是由于对藏族建筑学缺乏完整的研究，对地域性语言缺乏完整的把握，加上很多时候很多建筑把地域性符号化，就是用几种符号来表明地域性，这个是很可惜的，因为符号并不是那么容易去表达建筑学内涵。

陈可石教授： 林芝的建筑学和不丹的建筑学是非常接近的，应该说它是一种母语体系，它是一个完整的语言体系从宫殿到庙宇再到民居，它的几个层面是有序的发展，这几个层面不但有序的发展而且都非常成熟，它的语言非常丰满，表达得淋漓尽致。地域性方面我确定的是在自然地域方面，以林芝，迪亚乌河，南长江，雅鲁藏布江，以鲁朗波密的景观作为主要的地域特征，要把它提炼出来而不是简单的模仿，这个工作我认为和建筑设计一样重要。

方丹青： 除此之外，在您之前谈到建筑语言和材料之间的关系时也提到过地域性表达还有一个重要的内容就是采用地域性材料。

陈可石教授： 准确的说鲁朗小镇应该尽量采用当地的材料，比如木材，木材在林芝是比较丰富的，鲁朗在万亩林海又在森林旁边，木材表达地域性是非常重要的材料。第二就是夯土，整个西藏最打动人心的材料就是夯土，夯土倾斜的墙面，给人一种非常遥远、古朴、亲切的感觉，夯土墙非常结实。第三个就是石材，石材应该说是西藏最重要的材料，石材的运用主要是墙面和地面。在我们所经历的石材铺地当中，我觉得大昭寺的铺地是最漂亮的，大昭寺的铺法是把整块的大的石板，有的超过2米的直径放在中间，然后依次再接小的石板，石板又有微微的不同颜色，整体上又是深色，构成很和谐的一面，缝隙没有直线，浑然天成的感觉，非常的美。这是我觉得最美的做法。石材用在墙体主要是承重，特别像林芝它的山墙，主要是用石材，林芝当地石材较多，就地取材。林芝石材是主要墙体的运用材料，至于铺法在扎西岗村看到的上百年的老房子的拼法是很精细的，石材的铺法也很精细，泼上去的白土慢慢的沉淀下来，在地域性方面材料的选择和做法上就是很精准的定位它的语言体系，语言体系的错乱就导致整体的错乱，所以石材、 夯土、木材的运用非常重要。木材又分为大木作和小木作，大木作分为结构和屋顶。小木作就是门窗，室内楼梯这样的，在导则中写到几点，第一就是屋顶，挑空的屋顶一定是木结构，门窗一定是木结构，这个是地域性方面很重要的表达方式。在色彩和材料方面需要很多详细的设计。

方丹青： 这给我一个启示就是，西藏传统建筑作为一种以土木石为主要材料的建筑种类，其本身就是一种人与自然关系的呈现，材料在作为建筑原料以外，还是一种象征符号和设计语言。不同的材料，具有不同的肌理和质感，呈现不同的色彩。这种"质感+色彩"的表达方式也成为西藏传统建筑的艺术特点，是进行设计实践的时候需要关注的重点。

陈可石教授： 说到设计语言，就要说到第二个非常重要的设计原则——原创性。首先整个鲁朗小镇必须反映出设计语言创新，我们对于鲁朗小镇最大的贡献就是原创性，唯有原创才是最大的价值。我们在设计鲁朗小镇当中一定要处处体现原创的精神，林芝工布地区是农耕农牧状态，当地传统小镇空间与周边自然环境相对应是十分成功的。每栋的朝向都不一致。这是和拉萨日喀则相似的地方。鲁朗小镇商业街的做法，体现了工布藏族的特点，首先这条街沿着河，街的走向和河的走向要相互呼应，设计这条街时考察，确定它的走向、布局、模型、街道景观包括水沿着街的走向，这些都是非常重要的原创，每个细致的部分都做了考虑。原创性在酒店的设计当中非常重要，必须要强调出自身的原创部分。建筑布局上希望像传统村落一样自然，强调的是整体的自然布局。北区分别是白度母、绿度母、黄度母、红度母为主题的四个庭院，希望在布局上有各自的特点，建筑设计方面除了强调统一还要强调它的个性化，中区部分是整个旅游小镇的核心，首先是一个中心广场构成小镇的核心，广场北面是美术馆，西面是演艺中心和现代艺术摄影展览馆，东边就是酒店大堂和餐饮部分，这样的布局把自然地理的特征和人文地理特征表达出来，加上酒吧区，中区体现出院落式林芝建筑学的特征。

艺术性是鲁朗小镇最高的要求，没有艺术性的支撑是不可想象的，艺术性和传统建筑没有必然的等号。

方丹青： 艺术性在鲁朗小镇中具体怎么体现的呢，可以举一些详细的例子吗？

陈可石教授： 艺术性最重要的就是园林景观，建筑。先说园林景观。在设计鲁朗小镇艺术性园林景观方面，周边的自然环境是园林景观的重要组成部分，周边的自然环境如何容纳到鲁朗小镇的设计里是非常重要的，在设计模型上从总体布局到单体如何把景观容纳进来也是重要的出发点。要把景观作为重要的设计手段，鲁朗天生丽质，大地景观优势明显。景观艺术性的表达首先是湖面，水至关重要，水的倒影，雪山，蓝天白云，小镇建筑，小镇之美通过水的景观加倒影实现，那是一种很震撼的美。林芝有三种非常有代表性的树木：第一是桃树，林芝在三月底四月初完全就是桃花的季节，树形高大的野桃花灿烂绚丽。第二是柳树，在非常粗大的树干上从短的地方长出柳絮非常

有特点。第三有特点的树是高原杜鹃，树形姿态非常漂亮。把桃花、柳树、杜鹃作为主要的景观树种。对于艺术性的追求在设计上要非常重视，景观优先、形态完整是保证艺术性非常大的前提，艺术性是鲁朗最大的价值。

方丹青： 我觉得艺术性的创造对项目而言是一个很高的要求，因为不同的人对艺术的理解和领悟力不一样，也很难用某些程式化的设计手法，因为一旦程式化、可复制了，就降低了艺术性。

陈可石教授： 但要做出伟大的作品，不能回避这个问题。鲁朗小镇设计的最大难点就是体现出高度的艺术性，艺术性也是判断一个设计师品味、眼光的重要方面，艺术性表现在几个方面，一个是整体的形态和大尺度的景观，第二个方面主要表现在公共空间系统，就是建筑外部空间，我总体比较重视整体的外部空间，因为从设计来说整体外部空间不成功，建筑再成功也是有缺陷的，鲁朗小镇的成功很大程度上要取决于我们是从城市设计尺度到建筑设计。当然每个设计师对艺术性的理解不同，我比较倾向于材料的地方特色和简洁。很多设计都是非常个性化的，那么这些可能是一个作品更有价值的地方，体现出个人的价值观。对空间的理解、安排、剪接，包括扶手，墙上的门和洞的开法，对几何的理解，很多东西非常个性，也可能是它最珍贵的地方。是一种个人的感觉。西藏藏族是个了不起的民族，我们应该向古代藏族的传统学习，以创造鲁朗小镇这样一件伟大的艺术品为荣，把它作为一种生命的意义，生命的价值这样的角度对鲁朗小镇进行创造，最后应该像布达拉宫一样让鲁朗小镇成为当今的世界文化遗产。通过鲁朗小镇体现出今天西藏的艺术追求和创造力。

方丹青： 谢谢陈老师！与您的对话让我再次感受到您深厚的人文主义情怀，和对美与艺术的不懈追求。千年前的盛唐时代，汉藏文化第一次正面相遇，并将血脉交融，孕育出布达拉宫、大昭寺等世界建筑杰作；千年后的今天，汉藏民族再一次在鲁朗牵手，希望更多的人能够看到这个新的、见证汉藏民族友谊的艺术奇迹！

附录

西藏传统建筑艺术元素导则

1 鲁朗传统藏村落肌理与整体景观控制

1.1 鲁朗藏族传统村落充分结合地势,坐北朝南,布局紧凑工整,高低错落有致;传统建筑工艺精湛,构思独特;气势不凡、古朴典雅、风格独特,形成了独特的村落聚居肌理。新建筑要继承和保护藏族传统建筑文化,延续和发展藏族聚居地特有的村落肌理。

1.2 鲁朗藏族传统村落的房屋布局方式讲究宗教信仰,都以宗教建筑为核心布局,居民房屋习惯周边水系环绕,屋后形成景观林,营造景观亮点,突出地方景观特色。新建建筑在借鉴藏族传统街巷的布局形式的同时,优化房屋布局,加入现代生活所需的舒适元素,控制总体建筑形态,增加景观设计,营造公共空间氛围,打造现代与传统相结合的国际旅游小镇。

2 建筑风格、形式规定

2.1 建筑形式
鲁朗藏族传统村落建筑形式以富有当地文化传统特色的、尺度亲切宜人的传统建筑为主。新规划建筑采用现代设计手法,融入现代元素,结合地方文化特色,形成风格一致传统建筑形式。

2.2 建筑体量
鲁朗藏族传统村落建筑体量根据建筑物在同一平面的总面宽和最大对角线的尺度范围,及村落环境的整体保护要求,建筑基本体量分为小尺度和中尺度,如下:

代码	分类	计算面宽	最大对角线
1	小尺度	< 2 层	30m
2	中尺度	< 4 层	30~38m

2.3 建筑色彩
鲁朗藏族传统村落的建筑色彩按照建筑物功能进行控制,普通民居建筑色彩主要以灰色、土黄、白、黑为主,搭配以木色,纯朴、自然、粗犷。一般公共建筑建筑色彩以黄色、红色为主,烘托商业气氛,积聚人气。重要公共建筑建筑色彩主要采用红色,局部配以金色,突出建筑等级高度,迎合当地的宗教信仰。

2.4 建筑空间组合形式
建筑空间组合形式是指建筑形体的空间组合方式。建筑空间组合形式分为以下三类:主体空间式、序列空间式、组合空间式。整个研究区范围内各建设项目应符合建筑空间组合的有关规定。

2.5 建筑细部
建筑细部包括门、窗、屋顶、墙体、梁、柱、廊、楼梯等。全部范围内各项恢复重建建筑项目的建筑细部和建筑装饰不得破坏当地藏族传统民居原有特色风貌，并与传统建筑风格相协调。

3　街道两侧景观设计控制规定

3.1　街道两侧建筑物必须具有藏族传统建筑特色，高度一般不超过三层，体量宜小不宜大，功能为居住或商业为主，并严格控制其立面形式、材质及尺度。门、窗、墙体、屋顶等形式应符合风貌要求。

3.2　街道建筑小品应具有传统文化特色，沿街绿化应以点缀为主，树种选择应符合历史环境，形成富有特色的局部景观。

4　巷弄两侧景观设计控制规定

4.1　传统巷弄两侧建筑物必须具有藏族传统建筑特色，街巷与建筑物高度的比例不超过 1/2，同时严格控制其立面形式、材质及尺度。

4.2　尽量保留巷弄曲折、多变的线形，保护巷弄中古树、古井和水系等，保持传统特色。

5　重点地区、景观视线走廊等城市设计控制规定

5.1　景观控制是城市设计塑造建筑艺术形象的重要方面。景观控制主要由如下几方面构成：

5.1.1　主要视觉控制点：是指本控制区域内的重要视点、焦点、对景处等。作为视觉控制点的建筑物或构筑物要有主从之分，应成为景观标志。

5.1.2　重点强调的转角：在一些重要的建筑、重要街道的转角处，须通过各种手段予以强调处理，使其符合人们活动所需的范围要求，并具有景观特色。

5.1.3　强调的自然景观：在自然景观范围内，如水域、滨水地带等，应运用理水、造景以及物种配置等手段予以重点、局部处理，使自然景观更为生动，形成符合小镇艺术构思的景观特征，为旅游及区域发展服务。

5.1.4　重点处理界面：指对主要沿街人们视线所及的层面空间，按照特定设计进行重点处理的地段。通过保护、整治、更新等处理，形成统一和谐、丰富生动的景观。

5.2　强调的主要入口：在一些重要的公共空间入口处，为了加强空间和特性，易于人们识别，用建筑或构筑物予以强调。

5.3　标志性建筑：一定的地段必须有标志性建筑，易于居民获得地区感、方向感、中心感。标志性建筑必须有独特的建筑处理，突出传统特色，表达区域形象。

5.4　应结合水域及生态系统的整治强化软性活动空间，突出古文化街区的特色。

6 村落的水系保护

6.1 构建水系绿化系统

6.1.1 林地恢复与保护：控制建设用地在更高的山地上蚕食林地，并适当将林地沿高程向下延伸，以奥型绿地的形成隔离城镇建设的无序蔓延，保护水系上游源头。注重空间的连续性，恢复和增加林地，进一步减少林地的破坏，发挥最大的生态功能。

6.1.2 水系绿化保护：在规划区内的水系河道两侧构建连续的水系绿地，恢复河流中下游的滨水湿地，并予以保护，禁止开垦，打造成滨水湿地公园，并连接上游林地，形成完整的生态网络，从而减弱水系两岸的侵蚀、养分的流失、洪水、水质污染等，利于从高地到河流的水流和营养流的流动，利用高地内的物种沿水系运动，为居民提供游憩娱乐的开敞空间。

6.2 实施人工保护

6.2.1 保护与整治贯穿村落的沿街水渠，梳理开挖新的街边水沟，形成主要街道水系。

6.2.2 禁止向渠中排放污水，保证水质。建立健全污水收集处理系统，杜绝将污水直接排入水渠。所有家庭生活污水、厕所污水接污水管道，集中统一处理。

6.2.3 设置固定垃圾收运点，定期清运，严禁向水渠中倒垃圾。垃圾统一运到处理站。定期疏浚水渠障碍物和杂物。

7 建筑设计及施工导则

7.1 屋面

藏式传统建筑的屋面按照形式分，主要有：平顶屋面、坡顶屋面。按照使用材料的不同划分，主要有：阿嘎土屋面、石板屋面、木板屋面、镏金铜皮屋面、芭蕉屋面。藏族民居多为石片砌成的平顶庄房，呈方形，多数为3层，每层高3余米。房顶平台的最下面是木板或石板，伸出墙外成屋檐。有涧槽引水，不漏雨雪，冬暖夏凉。房顶平台是脱粒、晒粮、做针线活及孩子老人游戏休歇的场地。林芝地区由于季节性降水丰富，坡屋顶居多，但坡度较缓。有木条搭接的屋顶由很多石块压住。屋顶层一般用作晾晒干草、制作腊肉、储物之用。

平顶屋面

坡顶屋面

7.2 墙体

收分的墙体和柱网结构是构成藏族传统建筑在
视觉和构造上坚固稳定的基本因素。使用柱网
结构扩大了建筑空间，增强了建筑物的稳定性。
墙体是西藏传统建筑承重的主要部分，从形式
和风格讲主要有收分墙、边玛墙和地垄墙三种。
收分墙体——墙体下面宽、上面窄，墙体收分
角度一般在 5 度左右，建筑物的重心下移，保
证了建筑物的稳定性，提高抗震能力。

地垄墙体—依山建筑中用作建筑物的基础部位，
根据建筑物的高度和地质情况确定其墙厚。高
层城堡的基础地垄横向外墙要留通风道，地垄
层次的外墙上要留小型的窗户，解决通风和
采光。

边玛墙—即在墙的上部用一种当地生长的边玛
草做一段墙，既减轻了墙体负荷，又有很好的
装饰效果。

收分墙

地垄墙

边玛墙

石砌墙

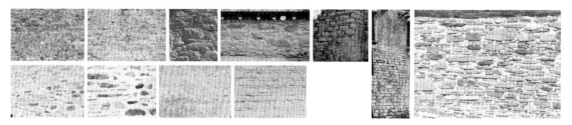

夯土墙

7.3　梯

藏族传统建筑梯子主要有石梯和木构楼梯两种类型。梯子坡度一般比较大，室内木梯有木杆扶手，室外石梯很少做栏杆，多用石墙或土墙维护。简朴、粗犷是其基本特点。

石阶

木梯

7.4 廊

藏族传统建筑的室内外空间用廊连接，廊可同时起到户外平台的作用。主要有内廊和外廊。

按照廊所处部位的不同，又可以分为檐廊、门廊和窗廊。廊一般是木质结构。

檐廊

门廊

窗廊

7.5 梁柱

藏族传统建筑承重体系，除墙体承重外，主要还有木柱、木梁承重。

柱网结构 民居、庄园、寺院、宫殿柱网结构的形式都是由简至繁。一柱式是其最基本的结构形式和结构单元。二柱式、三柱式和复杂柱网结构形式都是由一柱式发展演变而来的。柱网结构形式比较合理和充分地利用了长度较小的梁柱，创造了较大的建筑科技，提高了建筑的稳定性和抗震能力。

斗拱 主要用于主殿、灵塔殿、金顶和其他一些等级较高的建筑物。

雀替 藏式传统建筑的雀替与内地雀替的功能作用上相同，建筑构件上下之间用暗销链接。

柱 在材料上主要分为石柱和木柱。木柱主要有：圆形、方形、瓜楞柱和多边形柱（包括八角形、十二角形、十六角形、二十角形等）。石柱主要有整块条石及块石砌筑两种。

方形

瓜楞柱　　　　多边形柱

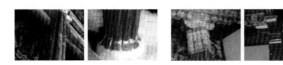

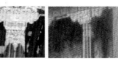

7.6 门窗

藏族传统建筑的房屋层高大多较低,当地气候寒冷,所以门洞尺寸低矮,以利保温,在古时战乱年代洞口小利于防御。门的材料多以木材为主,开启方式为平开,多为拼板门,自重较大,坚固耐用。

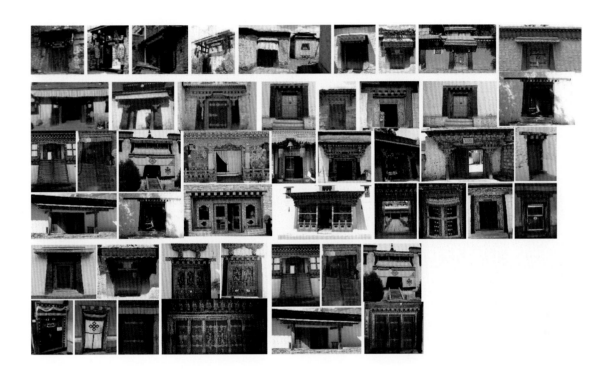

窗洞口尺寸偏小,窗台高度较低,窗套形式多样,有梯形、牛头等形式,窗上的装饰较多,一般在南面开窗,北面不开窗。窗的开启方式一平开窗为主,部分为固定窗。

7.7 檐口

藏族传统建筑屋顶以平屋顶居多，其檐口构造独具特色。按照檐部材料的不同，可分为边玛墙檐口、石墙檐口、土墙檐口

土墙檐口

街巷

藏族传统建筑的房屋街巷大多是窄巷，尺度亲切，高低错落随地形而变化，色彩简洁，只有门斗窗户较多装饰，门洞尺寸低矮，以利保温。

7.8 建筑装饰

藏式传统建筑装饰运用了平衡、对比、韵律、和谐和统一等构图规律和审美思想。在藏式传统建筑装饰中使用的主要艺术形式和手法，有铜雕、泥塑、石刻、木雕和绘画等。藏式传统建筑装饰主要反映在宫殿、庄园、民居、寺院等建筑的门窗、梁、托、柱、屋顶、墙体等部位。

7.8.1 门、窗装饰

门饰 门的装饰包括门楣、门框、门扇、门套等。门框木构件雕刻图案。门洞两侧做黑色门套装饰。门楣大多用木雕、彩绘等手段加以装饰。门扇主要装饰为门扣、门箍等。门洞两侧做黑色门套装饰。窗门装饰手段为木雕手绘，主要图案有人物、花纹、几何图案等。

门楣

门扇

门扣

门箍

门套

门框

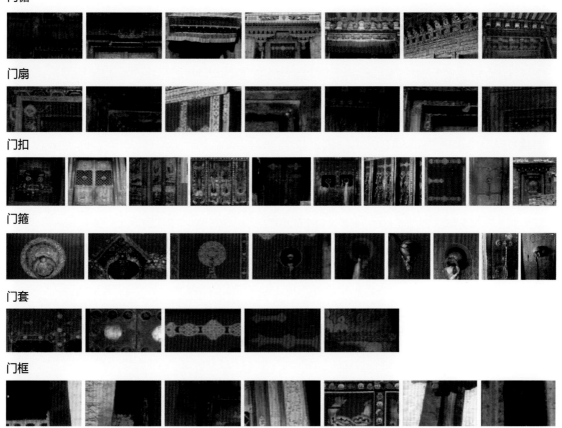

窗饰　窗的装饰包括窗楣、窗帘、窗框、窗扇、窗套等。窗楣上主要装饰为两层短椽。窗过梁蓝色为主，绘以图案。窗楣挂短绸窗楣帘装饰。

窗框主要装饰堆经和莲花花瓣。窗帘为吉祥图案的帆布，窗扇装饰手段为木雕手绘。

窗楣

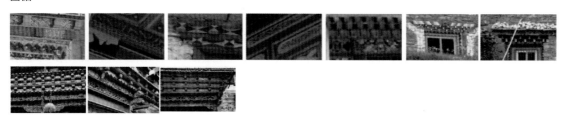

窗帘

窗框

窗扇

窗套

7.8.2　屋顶装饰

藏式屋顶有宝瓶、经幢、经幡、香炉等，寺院、宫殿等少数重要建筑设置金顶。屋顶的装饰按建筑的重要性分为不同的级别。

7.8.3　墙体装饰

藏族传统建筑中墙体装饰主要有彩绘、壁画、铜雕、石刻等。

彩绘

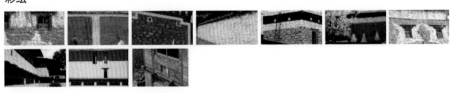

图案

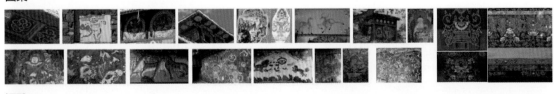

铜雕

7.8.4　其他装饰

7.8.5 传统图案

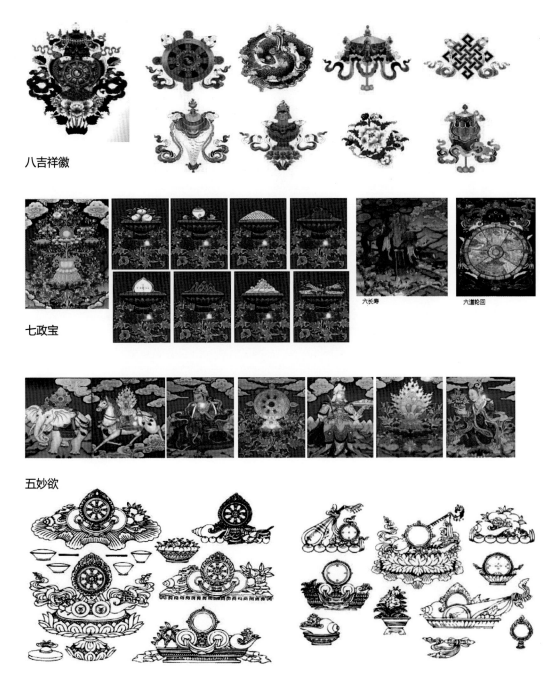

八吉祥徽

七政宝

六长寿

六道轮回

五妙欲

7.8.6 传统纹样

7.9 建筑材料

藏式传统建筑以石木结构为主，石材、木料和土为基本材料。其中阿嘎土、帕嘎土、边玛草是西藏独有的建筑材料。

7.9.1 墙体材料

墙体按照材料分，可以分为边玛草、石材墙、土坯墙、柴草隔墙、板筑土墙、木构梁板墙。

石材墙

土坯墙

7.9.2　屋面材料

屋面材料有：阿嘎土、黄泥、堆草坡屋顶

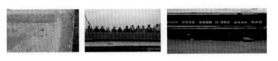

7.9.3　地面材料

地面材料按所有材料及部位的不同，可分为室内地面和室外地面。

室内地面有：原土夯实地面、阿嘎土地面、木地板地面、地垄地面。

室外地面有：青石板地面、鹅卵石地面、方整石地面。

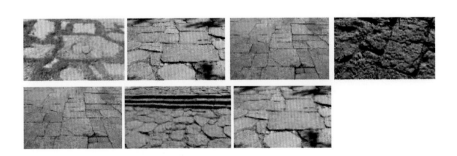

7.10 建筑色彩

藏式传统建筑的色彩运用，手法大胆细腻，构图以大色块为主，表现效果简介明快。通常使用的色彩有白、黑、黄、红等。外墙的色彩，民居、庄园、宫殿以白色为主，寺院以黄色和红色为主。

寺庙

民居

白色

红色

黄色

黑色

金色

7.11 园林景观

藏族传统建筑群落充分结合地势，布局高低错落有致，农田、村落、溪流、树林、草地相间，以大山为背景，与壮丽的自然景观浑然一体。

气势不凡、古朴典雅、风格独特，形成了独特的景观。给人以古朴、神奇、粗犷之美感。

农田景观　藏族地区多以农耕和畜牧业为主，梯田与藏族独特建筑完美的融合在一起。

堡坎　多以当地材料构筑围墙、台阶、堡坎等。室外石梯与平台多采用 基础墙的做法，石阶下　为墙体，墙体之间密铺原木，上铺块石为平台，就地取材且砌筑方便，经久耐用不易损坏。

铺地　地面多采用石材铺砌或采用素土夯实。

后记

虽然走遍了大半个世界，我认为青藏高原是最美的；尽管考察过全球上百个著名的旅游小镇，我觉得鲁朗小镇可能是最美的。这当然得益于西藏大美的自然地理和迷人的人文景观，还有独具艺术特色的建筑语言。本书收录的工程设计包括"灾后重建全球最佳范例"——水磨镇、"中国最美户外小镇"——鲁朗小镇，参与这些工程设计和研究的中营都市设计师有：梁译坪（NEO EE PIN）、张暄、陈树锋、谢华、陈芊、金建民、王晓东、邓朗、冯俊、周菁、田浩、何宜菁、游轶、印妮、赵士民、周刚、方嘉、张泽源、仲刚、Chris、黄虹、陈梦、杨静、黄翔、顾智鹏、朱亮、谭苏一、苏立国、任探、何驰驰、易华文、赵家亮、何俊慧、熊科丽、孟娜、肖叶、贺慧群、耿威、苏文波、徐芳君、陈金留、张晴、姜霞、陈杰、刘熠、向泉、梁天成、胡梦君、李宏伟、丁永镇、曹玉、周文硕、聂颖、邹炼、周巍、高雪、伍清华、王晶晶、晏颂、李大平、李涛、王永、黄龙港、杨年丰、陈琦、周娟、张晓璇、肖翔、张耀匀、李晶、曹猗昆等。参加西藏考察和专题研究的博士后金姗、耿欣、杨志，博士生陈楠、方丹青、崔莹莹、郭晓峰，硕士研究生王瑞瑞、王雨、汪娟萍、姜文锦、崔翀、孙慧洁、李白露、荣亮亮、杨天翼、刘彬蔚、刘吉祥、石悦、周麟、王龙、周彦吕、赵艳、高佳、段晓贞、任子奇、彭亚茜、李欣珏、袁华、卓想、申一蕾、姜雨奇、刘苗、闫安、杨波、徐丽薇、李丽、刘心

雨、张云崇、董志坚、胡媛、朱胤琳、周麊等。学生们在藏区的调研也开启了他们对西藏人文和自然地理的热爱。感谢广东省人民政府、西藏自治区人民政府、阿坝、甘孜、林芝人民政府。广东省援藏队在鲁朗小镇的建设中创造了真正的奇迹。我由衷感谢那些项目的委托方，那些心胸广阔、高瞻远瞩的领袖和不畏艰苦、敢于担当的工程负责人，他们是我心中真正的英雄。书中实景照片除著者拍摄之外，参加拍摄的还有郑胜日、蔡红、刘顺江、黄细花、马松涛、胡雄鹰、张暄、杨静、方丹青、顾智鹏、何驰驰、朱亮等，谨此感谢他们提供的照片。

感谢许智宏校长、海闻副校长、史守旭老师、栾胜基老师、吴云东院士、李贵才老师、曾辉老师、吴建生老师、阴劼老师、张天新老师和宋峰老师的支持。许智宏校长2013年到鲁朗工地考察，海闻副校长代表北京大学深圳研究生院在广东省政府与朱小丹省长一起签署了鲁朗小镇工程总设计师负责制合同，并随朱小丹省长和洛桑江村主席参加鲁朗小镇工地例会。阴劼老师参加了水磨镇灾后重建设计并与我一起合著《汶川绿色新城》一书。张天新老师和宋峰老师与学生一起参加了布达拉宫周边城市整体提升的前期调研。2015年水利水电出版社李亮总编辑提议出版一本以我在西藏的建筑设计理论研究和设计实践为主题的专著，这也是我们之前出版《城市设计与古镇复兴——洛带古镇设计实践》一书之后的再次成功合作。在藏区项目设计过程中有几十家国内杰出的专业设计机构与我们设计团队精诚合作，包括室内、园林、施工图、灯光和标识设计，谨此向这些专业设计机构和高尚的设计师朋友们表示衷心的感谢。青藏高原设计之旅有缘相遇的好朋友，愿青山不老、绿水长流，在未来西藏建设中还希望与大家在一起，让友谊像格桑花一样美丽绽放，像青藏高原一样地久天长。

2013年4月，北京大学许智宏
校长、海闻副校长与陈可石教
授在鲁朗小镇工地

陈可石 绘